自有力量 你的自信

NIDE ZIXIN

ZIYOU LILIANG

李浩天 编著

信念使我们超越，
我一直以为自己听到过莲花开放的声音，
看到过昙花开放的样子。
它们是我心里的真相。

煤炭工业出版社
·北京·

图书在版编目（CIP）数据

你的自信，自有力量/李浩天编著．--北京：煤炭工业出版社，2018（2021.6 重印）

ISBN 978-7-5020-6465-5

Ⅰ.①你… Ⅱ.①李… Ⅲ.①成功心理—通俗读物 Ⅳ.①B848.4-49

中国版本图书馆 CIP 数据核字(2018)第 015298 号

你的自信　自有力量

编　　著	李浩天
责任编辑	马明仁
编　　辑	郭浩亮
封面设计	浩　天

出版发行　煤炭工业出版社（北京市朝阳区芍药居 35 号　　100029）

电　　话　010-84657898（总编室）
　　　　　010-64018321（发行部）　010-84657880（读者服务部）

电子信箱　cciph612@126.com

网　　址　www.cciph.com.cn

印　　刷　三河市京兰印务有限公司

经　　销　全国新华书店

开　　本　880mm×1230mm$^1/_{32}$　印张　8　字数　150 千字

版　　次　2018 年 1 月第 1 版　2021 年 6 月第 3 次印刷

社内编号　9345　　　　　　　　定价　38.80 元

前 言

在人的一生中，究竟什么是决定人生成功的重要因素呢？是气质，还是性格？是财富，还是人际关系？是勇敢，还是聪明？这些都不是。最重要的是，自己必须相信自己，自己必须看得起自己，必须树立起强大的自信。只有如此，才能走向成功。

有这样一个小故事：

有一个青年人总是觉得不如别人生活得幸福，自己时运不济，终日愁眉不展。

有一天，走过一个鹤发童颜的老人，问："年轻人，你为什么不高兴？"

"我不明白自己为什么老是这么穷，总是不能成功。"

"是这样吗？"老人由衷地说，年轻人点了点头。

老人又说道："如果拿走你的一根手指头，给你一根金条，你干不干？"

"不干！"年轻人果断地回答。

"假如拿走你的一只手，给你一块金砖，你干不干？"

"不干！"

"假如让你马上变成80岁的老翁，给你一颗钻石，你干不干？"

"不干！"

"假如让你马上死掉，给你一座金山，你干不干？"

"不干！"

这时老人笑着说道："这就对了，你个人的价值已经超过了一座金山，你还有什么不高兴的？你应该高兴起来，去想想如何让这座金山发光、发亮，只有如此，你想要的、想做的才能实现。"

是啊，每个人都具有自己应有的价值、潜能，当这价值与潜能被开发出来时，我们才能体会到每个人的富有。所以，不要去埋怨上天的不公平，不要去抱怨上司的偏心。其实，一切不公平与偏心的根源都在自己身上。自信地去找到这些根源并解决它，一切好事就随之而来了。

当然了，我们每个人都是独一无二的。因此，你有理由保持自己的本色。所以，不该再浪费任何一秒钟，去忧虑你与其他人不同的地方，或去模仿他们。你应该好好利用自身的潜力，因为只有你自己才能掌握自己的命运。

目　录

|第二章|

强者之心

|第三章|

信念的奇迹

|第四章|

敢于放手一搏

|第五章|

不断超越自我

|第六章|

相信自己

第一章

信念的力量

坚定的信念要付诸行动

> 生命是一场马拉松竞赛，最大的敌人不是你的对手，而是你自己。唯有全力以赴地坚持，告诉自己：永远没有失败，只是暂时停止成功，如此才能写就你生命的精彩篇章。

通往成功的路程就如全长42.195公里的马拉松比赛，无论男女老少，大家都参与其中。开始参加的人会很多，但是因为路程的漫长与艰难，绝大多数的人在中途就放弃了，最终能跨过胜利的红线的只有寥寥数人。而这些人之所以能够坚持走完通过成功的坎坷路，正是因为他们有着坚定的信念！他们时时刻刻提醒自己那曾经许下的梦想，在遇见挫折的时候，他们用梦想和信念刺激自己，激励自己，振奋自己。他们知道一旦放弃信念，无论你在追求成功的旅途上走了多远，将永远到达不了成功的终点。

很多年轻人在职业生涯遭到挫折的时候，轻易地放弃了，转而从事不适合自己，也不能引起自己热爱的职业，勉勉强强做下去。有些人回到自己原本要努力挣脱的生活中去。他们知道坚持下去还会看到希望，但也会遇到新的挫折，而对挫折的厌倦使他们放弃了希望。别人的言行也影响着他们的决定。有人说，你在干一件注定不能成功的事。有人说，你没有这方面的天赋，你为之付出是愚蠢的，你在虚度年华。而一同奋斗的伙伴纷纷退出，也使他们感到孤独无望。

在世界科学史上，有这样一位伟大的科学家。他不仅把自己的毕生精力全部贡献给了科学事业，而且还在身后留下遗嘱，把自己的遗产全部捐献给科学事业，用以奖励后人，向科学的高峰努力攀登。今天，以他的名字命名的科学奖，已经成为举世瞩目的最高科学大奖。他的名字和人类在科学探索中取得的成就一道，永远地留在了人类社会发展的文明史册上。这位伟大的科学家，就是世人皆知的瑞典化学家阿尔弗雷德·伯恩哈德·诺贝尔。

其实，诺贝尔的一生并不是一帆风顺的。

　　诺贝尔1833年出生于瑞典首都斯德哥尔摩。他的父亲是一位颇有才干的机械师、发明家，但由于经营不佳，屡受挫折。后来，一场大火又烧毁了全部家当，生活完全陷入穷困潦倒的境地，要靠借债度日。父亲为躲避债主离家出走，到俄国谋生。诺贝尔的两个哥哥在街头巷尾卖火柴，以便赚钱维持家庭生计。由于生活艰难，诺贝尔一出世就体弱多病，身体不好使他不能像别的孩子那样活泼欢快，当别的孩子在一起玩耍时，他却常常充当旁观者。童年生活的境遇，使他形成了孤僻、内向的性格。

　　诺贝尔的父亲倾心于化学研究，尤其喜欢研究炸药。受父亲的影响，诺贝尔从小就表现出顽强勇敢的性格。他经常和父亲一起去实验炸药，几乎是在轰隆轰隆的爆炸声中度过了童年。

　　诺贝尔到了8岁才上学，但只读了一年书，这也是他所受过的唯一的正规学校教育。到他10岁时，全家迁居到俄国的彼得堡。在俄国由于语言不通，诺贝尔和两个哥哥都进不了当地的学校，只好在当地请了一个瑞典的家庭教师，指导他们学习俄、英、法、德等语言，体质虚弱的诺贝尔学习特别勤奋，他好学的态度，不仅得到教师的赞扬，也赢得了父兄的喜爱。然而到了他15岁时，因家庭经济困难，交不起学费，兄弟三人只好停止学业。诺贝尔来到了父亲开办的工厂当助手，他细心地观察和认真地思索，凡是他耳闻目睹的那些重要学问，都被他敏锐地吸收进去。

为了使他学到更多的东西，1850年，父亲让他出国考察学习。两年的时间里，他先后去过德国、法国、意大利和美国。由于他善于观察、认真学习，知识迅速积累。很快成为一名精通多种语言的学者和有着科学素养的科学家。回国后，在工厂的实践训练中，他考察了许多生产流程，不仅增添了许多的实用技术，还熟悉了工厂的生产和管理。

就这样，在历经了坎坷磨难之后，没有正式学历的诺贝尔，终于靠刻苦、持久地自学，逐步成长为一个科学家和发明家。

生活中人与人的环境不同、个性不同，也造成了人们的期望的高低不同，不过大多数情况下，人们都爱幻想和憧憬，往往对现实的艰巨性、复杂性估计不足，所以经常会有期望过高的情况。其实，只有适当的期望才能在人生奋斗中产生积极的影响。

当你足够强大，困难和障碍就微不足道；如果你很弱小，障碍和困难就显得难以克服。向困难屈服的人必定一事无成。很多人不明白这一点，一个人的成就与他战胜困难的能力成正比。他战胜越多，取得成就越大。

年幼的约翰·弥尔顿，就已经梦想要写一部流传百世的伟大史诗了。这年幼时的梦想成为他整个青年时代的执着追求。经过成年时的坎坎坷坷，因执着信念而燃起的梦想火炬从没有在他的心头熄灭。直到他年迈体衰、双目失明后，他才实现了自己年少时的梦想，完成了《失乐园》的创作。哪怕是经历几个世纪后，《失乐园》这部优美的伟大史诗还是让读者荡气回肠。这位追梦一生的诗人，在他悄然告别人世之时，嘴里吐出的是这样的一句话："忠贞的信念引导我们前行。"

当然，只有信念是远远不够的，有了信念必须付诸行动，如果没有行动，那信念永远只是空想，只是空中楼阁、海市蜃楼，只能远观，却永远不能真正属于自己。

一位名叫希瓦勒的乡村邮递员，每天徒步奔走在各个村庄之间。有一天，他在崎岖的山路上被一块石头绊倒了。

他发现，绊倒他的那块石头样子十分奇特。他拾起那块石头，左看右看，有些爱不释手了。

于是，他把那块石头放进自己的邮包里。村子里的人们看到他的邮包里除信件之外，还有一块沉重的石头，都感到很奇怪，便好意地对他说："把它扔了吧，你还要走那么多路，这可是一个不小的负担。"

他取出那块石头，炫耀地说："你们看，有谁见过这么美丽的石头？"

人们都笑了，说道："这样的石头山上到处都是，够你捡一辈子。"

回到家里，他突然产生一个念头，如果用这些美丽的石头建造一座城堡，那将是多么美丽啊！

于是，他每天在送信的途中都会找几块好看的石头。不久，他便收集了一大堆，但离建造城堡的数量还差得很远。

于是，他开始推着独轮车送信，只要发现中意的石头，就会装上独轮车。

此后，他再也没有过一天的安闲日子，白天他是一个邮差和一个运输石头的苦力，晚上他又是一个建筑师。他按照自己天马行空的想象来构造自己的城堡。

所有的人都感到不可思议，认为他的脑子出了问题。

20多年以后，在他偏僻的住处，出现了许多错落有致的城堡，有清真寺式的，有印度神教式的，有基督教式的……当地人都知道有这样一个性格偏执、沉默不语的邮差，在干一些如同小孩建筑沙堡的游戏。

1905年，美国波士顿一家报社的记者偶然发现了这群城堡，这里的风景和城堡的建造格局令他慨叹不已，为此写了一篇介绍希瓦勒的文章。文章刊出后，希瓦勒迅速成为新闻人物。许多人都慕名前来参观，连当时最有声望的大师级人物毕加索也专程参观了他的建筑。

在城堡的石块上，希瓦勒当年刻下的一些话还清晰可见，有一句就刻在入口处的一块石头上："我想知道一块有了愿望的石头能走多远。"

当初希瓦勒提出用美丽的石头建造城堡的时候，所有人都认为这是痴人说梦，但结果却让他们对希瓦勒刮目相看。事实上，这一座座令人叹为观止的城堡之所以能展现在众人面前，就源于这一块块石头生出了愿望。据说，这就是当年那块绊倒过希瓦勒的第一块石头。希瓦勒告诉我们，当石头有了愿望之后，理想中的宫殿便不再是梦想了。

在西点人看来，其实有了愿望的不是石头，而是我们的内心有了一股强大的信念，这个信念就是要过自己向往的生活。

西点人相信，只要我们始终坚定自己的信念，每天多努力那么一点儿，每天多做那么一点儿，每天完成一个小小的目标，终有一天我们会实现自己的梦想。

西点学子之所以不平凡，是因为他们能够清醒地认识到这一点：自己想过什么生活，想要什么样的人生。当他们有了自己的梦想以后，任何困难都是微不足道的。

信念不坚，难有作为

　　　　始终拥有信念，并因为信念而拥有为之奋斗的梦想，
而且相信自己一定能努力完成这个梦想，坚持不懈，这就
是麦克阿瑟将军的伟大之处。所有的成功都一定会有着坚
定的信念。信念是人生路上的供给站，为你最终达到目标
提供源源不断的能量。

　　有一个法国人，年届42岁时，仍一事无成。他也认为自己
简直倒霉透了：离婚、破产、失业……他不知道自己生存的价
值和人生的意义。他对自己非常不满，变得古怪、易怒，同时
又十分脆弱。有一天，一个吉卜赛人在巴黎算命，他无聊地走
过去，决定试一下。吉卜赛人看过他的手相之后，说："您是

一个伟人，您很了不起！"

"什么？"他大吃一惊，"我是个伟人，你不是在开玩笑吧？"

吉卜赛人平静地说："您知道您是谁吗？"

"我是谁？"他暗想："我是个倒霉鬼，是个穷光蛋，我是个被生活抛弃的人。"但他仍然故作镇静地问，"我是谁呢？"

"您是伟人，"吉卜赛人说，"您知道吗，您是拿破仑转世！您的身体流的血，您的勇气和智慧，都是拿破仑的啊！先生，难道您真的没发觉，您的面貌也很像拿破仑吗？"

"不会吧……"他迟疑地说，"我离婚了，我破产了，我失业了，我几乎无家可归……"

"那是您的过去，"吉卜赛人说，"您的未来可不得了！如果您不相信，就不用付钱给我了。不过，5年后，您将是法国最成功的人！因为您就是拿破仑的化身！"

他表面装作极不相信地离开了，但心里却有了一种从未有过的美妙感觉，他对拿破仑产生了浓厚的兴趣。回家后，他想方设法寻找与拿破仑有关的著述来学习。渐渐地，他发现，周围的环境开始改变了，朋友、家人、同事、老板，都换了另一种眼光看待他；事业开始顺利起来。后来，他才领悟到，其实，一切都没变，是自己变了；他的气质、思维模式，都在不自觉地模仿拿破仑，就连走路、说话都像极了他。13年以后，也就是在他55岁的时候，他成了亿万富翁，成了法国赫赫有名的成功人士。

　　这是一个真实的故事，原本在中年仍然一事无成的法国人，通过13年的时间竟然成了法国赫赫有名的成功人士，这一切就是信念的力量。吉卜赛人说的话，在他的心里产生了正面的心理暗示，正是这种暗示使他有了坚定的信念，从而走向了成功。

　　这一切，都是信念在起作用，原本普普通通、自甘平庸的人通过十多年的时间竟然成了赫赫有名的成功人士。吉卜赛人说这个英国人是拿破仑的转世，虽然一开始他持有怀疑的态度，但却在不觉间模仿拿破仑，并以拿破仑的气魄和胆识为自己赋予了勇气和信念。他开始勇敢地将原本的一些自我否定的想法变成了实实在在的追求。正因为这个"我是拿破仑的转世"的信念，他最终获得了成功。信念是无形的，甚至有时可能仅仅是一句善意的欺骗。许多人在遇到挫折，或者还没与挫折正面交锋的时候就败下阵来，放弃了自己的信念。有的人在一开始就为自己安排好了失败的后路，这样的人只会在不断地妥协和退让中失去原本可以完成的梦想，最终与自己的梦想渐行渐远。但是只要我们拥有坚定的信念，我们就一定不会因为眼前的困难而放弃既定的目标。信念就是我们的希望，只要信念还在，希望就一定常在。

　　一个人对自己的人生有影响的特质，简单点可分为优秀的和低劣的，在这两个极端中间是不太构成影响的问题。优秀的方面一般称之为优点；低劣的方面称之为缺点。人认识不到自己的优点，有时候会埋没自己，或者压抑自己的人生，听起来难免有点过度浪费的感觉，但是一般不会造成很重大的影响，不会导致反面的行为事态发生，最多的也就是把优秀降级为平庸。然而，一个人认识不到自己的缺点，那是一个相当严重的问题。反过来讲，如果认识到了自己的缺点，一般来说，会有很大的收益。

　　美国总统罗斯福是一个有缺陷的人，小时候是一个脆弱胆小的学生，在学校课堂里总显露一种惊惧的表情。

　　他呼吸就好像喘大气一样。如果被喊起来背诵，立即会双腿发抖，嘴唇也颤动不已，回答起来，含含糊糊，吞吞吐吐，然后颓然地坐下来。由于牙齿的暴露，使他没有一个好的面容。

像他这样一个小孩，自我感觉一定很敏感，常会回避同学间的任何活动，不喜欢交朋友，成为一个只知自怜的人！然而，罗斯福虽然有这方面的缺陷，但却有着奋斗的精神——一种任何人都可具有的奋斗精神。事实上，缺陷促使他更加努力奋斗。他没有因为同伴对他的嘲笑而减低勇气。他喘气的习惯变成了一种坚定的嘶声。他用坚强的意志咬紧自己的牙床，使嘴唇不颤动，从而克服他的惧怕。

没有一个人能比罗斯福更了解自己，他清楚自己身体上的种种缺陷。他从来不欺骗自己，认为自己是勇敢、强壮或好看的。他用行动来证明自己可以克服先天的障碍而得到成功。

凡是他能克服的缺点他便克服，不能克服的他便加以利用。通过演讲，他学会了如何利用一种假声，掩饰他那无人不知的龅牙，以及他的打桩工人的姿态。虽然他的演讲中并不具有任何惊人之处，但他不因自己的声音和姿态而遭失败。

他没有洪亮的声音或是庄重的姿态，他也不像有些人那样具有惊人的辞令，然而在当时，他却是最有力量的演说家之一。由于罗斯福没有在缺陷面前退缩和消沉，而是充分、全面地认识自己，在意识到自我缺陷的同时，能正确地评价自己，在顽强之中抗争。不因缺憾而气馁，甚至将它加以利用，变为资本，变为扶梯而登上名誉巅峰。在晚年，已经很少有人知道他曾有严重的缺陷。

"这个世界上，没有人能够使你倒下，如果你自己的信念还站立的话。"这是黑人领袖马丁·路德·金留下的一句很激励人心的话。

当罗斯福还是参议员时，深受人们爱戴。有一天，罗斯福在加勒比海度假，游泳时突然感到腿部麻痹，动弹不得，幸亏旁边的人发现和挽救及时，才避免了一场悲剧的发生。经过医生的诊断，罗斯福被证实患上了"腿部麻痹症"。医生对他说："你可能会丧失行走的能力。"罗斯福并没有被医生的话吓倒，反而笑呵呵地对医生说："我还要走路，而且我还要走进白宫。"

第一次竞选总统时，罗斯福对助选员说："你们布置一个大讲台，我要让所有的选民看到我这个患麻痹症的人，可以'走到前面'演讲，不需要任何拐杖。"当天，他穿着笔挺的西装，面容充满自信，从后台走上演讲台。他的每次迈步声都让每个美国人深深感受到他的意志和十足的信心。后来，罗斯福成为美国政治史上唯一一个连任四届的伟大的总统。

成功学的创始人拿破仑·希尔说："自信，是人类运用和驾驭宇宙无穷大智的唯一管道，是所有'奇迹'的根基，是所有科学法则无法分析的玄妙神迹的发源地。"

罗斯福即使在身体残疾时，也总是对自己充满自信，总是充分相信自己的能力，深信所做的事业必能成功，因此在他做事时，就能付出全部精力，排除一切艰难险阻，直到胜利。

自信的人生是永远不会被社会击败的，除非他自己最后精疲力竭，无力拼搏。最富有成就的人就是依靠他们自己的自信、智慧和能力取得成功。

没有人天生就是坚强的。坚强的人是在经历了许多之后，懂得去承担而已。

要变得坚强的你，就要懂得去经历。当不幸和痛苦真的袭来的时候，一次是很痛的；第二次，也许你会好一点儿；第三次，也许你学会安慰自己了；第四次，也许你开始冷静了……有一天不幸再来的时候，你不再哭泣，而是冷静地思考，微笑着安慰和你同样受苦的人了！

不要放弃自己就是真正的坚强。有很多的人不哭不笑、凡事争竞，就以为是坚强，其实那是坚强失去后的坚硬。不要放弃自己，更不要为人的评价活着，要知道我们的生命远比他们眼中所看到的重要。你生命的价值不是你自己所估计的那样，更不是别人所估计的那样。

达尔文16岁的时候就被家人送到爱西堡大学学医。可是家人的心愿和达尔文自己的梦想并不相符，他从小就喜欢大自然，尤其热爱观察小动物、采集矿物和动植物标本。进入爱西堡大学学习后，他经常出门采取标本。被家人发现后，他父亲非常生气，认为他"游手好闲""不务正业"，辜负了家人的期盼，于是1828年又送他到剑桥大学，改学神学，希望他能够好好学习成为一位"尊贵的牧师"。这一次达尔文依旧没能按照家人的意见走下去，他甚至对神学院的神创论等谬说十分厌倦，仍然把大量的时间用在听自然科学工作者讲座，收集甲虫等动植物标本上。同样，他又遭到父亲的斥责："你放着正经事不干，整天只管打猎、捉耗子，将来可怎么办？"家人们都认为达尔文以后肯定不会有什么成就，甚至在达尔文上小学的时候，就有老师认为达尔文资质平庸，与聪明睿智相差得太远。但就是这个不被看好的达尔文，凭借自己热爱自然科学的坚定信念，凭着他那一腔热血和刻苦钻研的精神，最后写成了《物种起源》，成了世界名人。

　　每个人无论是贫穷还是富裕，无论是聪慧还是平庸，都可以构建出自己想要的草图，只要坚持信念，相信自己，认真努力，奇迹随时都可能发生在你身上。相信自己，不要怀疑，时刻对自己说："我是最棒的！"畏惧困难只会让人止步不前，打倒困难才能离成功更近一步。没有一个人是一步跨入成功的殿堂的，只有心怀不变的信念，一步一个脚印地朝前走的人，才能走向成功。

人生最可怕的敌人就是没有坚强的信念

一个人想要征服世界，首先是必须战胜自己。只有不断强化必胜的信念，你才能保持前进的动力，努力寻找方法，克服一切艰难险阻，向成功逐渐靠拢。

英国首想丘吉尔之所以能够获得如此之高的殊荣，莫过于他对信念的坚持。在第二次世界大战期间，他带领英国人民取得反法西斯战争伟大胜利，与斯大林、罗斯福一起，被后人誉为当世的"三巨头"。

战后，功成身退的英国首相丘吉尔应邀在剑桥大学毕业典礼上发表演讲。经过邀请方一番隆重但稍显累赘的介绍之后，丘吉尔走上讲台。只见他双手扶住讲台，注视着观众，沉默了大约两分钟后，他开口说："永远，永远，永远不要放弃！"接着是长长地沉默，随后他又一次强调："永远，永远，永远不要放弃！"最后，他再度注视观众片刻后走下讲台，回到座位上。场下的人这才明白过来，紧接着便是雷鸣般的掌声。

　　这场演讲是演讲史上的经典案例，也是丘吉尔最脍炙人口的一次演讲。丘吉尔用他一生的成功经验告诉人们：成功没有什么秘诀，假如有的话，也只有两个，第一个坚持到底，永不放弃；第二个就是当你想放弃的时候，记得要照着第一个秘诀去做，坚持到底，永不放弃。正是凭借着这个信念，丘吉尔始终坚持着自己的信仰，为了反法西斯战争的胜利做出了积极的努力。

　　长久以来，人们一直都觉得要在4分钟内跑完1英里是件不可能的事。但在1954年，著名的短跑名将罗杰·班纳斯特却做到了。他之所以创造出了这项佳绩，一是得益于体能上的苦练；二是归功于精神上的突破。很长的一段时间里，他都曾在脑海里多次模拟4分钟跑完1英里，后来这变为了一种强烈的信念，从而对神经系统下了一道死命令，必须完成这项使命。后来，他果然做到了大家认为不可能做到的事。大家都没想到，在班纳斯特打破纪录的第二年里，竟然有近千人先后打破了这项纪录。

信念代表着一个人在事业中的精神状态、工作的热情，还有对自己能力的正确认知。只有怀着必胜的信念，我们工作起来，才能充满热情、干劲十足、无所畏惧地勇往直前。在这个过程中，我们势必会碰到一些小麻烦、小挫折，可是这些都将成为我们走向成功的垫脚石、助推器。

坐等事情发生，就好像等着月光变成银子一样渺茫。希望发生奇迹，能够取代自然法则的作用，那简直是不可能的。只有脚踏实地地工作，才会获得自己希望得到的东西，在有助于成功的所有因素中，脚踏实地是最有效的；在有助于你成功的所有品质中，脚踏实地是最可靠的。

莫扎特智能超群，自孩提时代就对乐曲产生了兴趣。他一听到音乐就用小手拍着。奇妙的是，他拍得很合拍，很有节奏感。

莫扎特的姐姐玛丽娅每次练习钢琴时，爸爸总是精心指导，因而玛丽娅的进步很快。每当琴声响起，小莫扎特就不吵不闹，静静地聆听着。

有一次，当玛丽娅正聚精会神地练琴时，4岁的莫扎特走到姐姐跟前，乞求姐姐让自己弹刚刚演奏过的那首曲子。玛丽娅亲昵地指着弟弟的鼻子说："看看你的小手，还不能跨过琴键呢，怎么弹琴呢，等你长大了再学琴吧。"说完，她又继续练起琴来。

一天，全家用过晚餐，当玛丽娅帮助妈妈在厨房里洗碗时，莫扎特就坐在钢琴上弹起来。雷奥博正在边喝茶边抽烟休息，听到琴声后，猛然站起来，惊喜地说："听，玛丽娅把这首曲子弹得简直妙极了！"话音刚落，玛丽娅就从厨房里走了出来。雷奥博呆住了，这是怎么回事呢？他立即爬上楼轻轻地推开门，哇，只见小莫扎特正在聚精会神地弹奏呢！父亲看出儿子有着优秀的音乐天赋，便开始对他进行早期教育了。从4岁起，莫扎特就弹起了钢琴，拉起了提琴。莫扎特的接受能力极强，许多曲子只听一遍，就毫不费力地记住了。父亲怕莫扎特负担过重，不想过早教他作曲。可是到5岁时，莫扎特看着父亲写乐谱，便也开始学着作曲。有一次，父亲走进莫扎特的房间，见他正趴在桌上，在五线谱上专心地写东西。他随手拿起一看，不禁吃了一惊。原来儿子在写钢琴协奏曲，而且写得完全符合规格。

　　一天，父亲创作了一首小步舞曲。他要儿子把这个乐谱送到剧院院长处去，并说明这是专为他女儿创作的。不料，路上一阵大风，把莫扎特手里的乐谱刮跑了。他一面哭着，一面追赶着到处飘荡的乐谱。乐谱没有全找回来，怎么办呀？莫扎特跑到小伙伴家里，借来笔纸，自己写了首乐谱送去。第二天，院长带着女儿来拜谢，说莫扎特父亲的舞曲写得太妙了，他还让女儿把舞曲弹了一遍。莫扎特的父亲听后惊呆了。他说："这不是我作的舞曲。"他转身问儿子："这首乐曲是谁写的？"莫扎特只得说出原委。父亲听后激动地流出了泪，一下把儿子抱在怀里。

　　此后，父亲就开始教他难度较大的作曲练习。聪明加勤奋的莫扎特，在家里不是弹琴就是作曲。五六岁的孩子像大人一样整日埋在音乐之中。为了让莫扎特开阔眼界，少年成名，自1761年秋天起，父亲就带着6岁的儿子到奥地利首都维也纳演出。接着，又到德国、法国、英国、荷兰和瑞士演出。每到一地，都获得好评。7岁那年，他在法国巴黎一个音乐会上，为一位著名的女歌唱家弹琴伴奏，只听她唱了一遍，就能不看乐谱，自由地伴奏，从头到尾一点儿不错。女歌唱家再唱一回，他又在琴上另选新的伴奏。每唱一曲，他的伴奏都变化无穷，和谐动听，听众惊叹不已。这件事被欧洲人称为"18世纪的奇迹"。

莫扎特11岁便能指挥大型歌剧演出，并写成了第一部歌剧《阿波罗和吉阿琴特》。12岁时指挥德国著名的乐队，名闻世界乐坛。13岁时，便在萨尔斯堡任大主教宫廷教师。

莫扎特只活了35岁。在短短的一生中，他写了歌剧19部，交响曲47部，钢琴协奏曲27部，小提琴协奏曲5部，弦乐四重奏22部，钢琴奏鸣曲29部，小提琴奏鸣曲37部，其他各类乐曲100多部，给人类的音乐宝库中留下了珍贵的艺术财富。

等待和积累的力量是巨大的。不积跬步，无以至千里；不积小流，无以成江河。涓涓细流，一条条地汇集起来形成了浩瀚的海洋；片片树木，一棵棵地生长起来变成了森林。如果我们只是在一个平坦的大道上不停地奔跑，而忘记了随时汲取那些我们应该为了以后的路所需要的营养，那么等我们可以借助翅膀翱翔的时候，就会发现自己的翅膀是那么柔弱无力。

决心就是力量，信念就是成功，拥有必胜信念的人总能够比别人更容易走向成功。

"三十天荷花定律"，大家不知道有没有听过。

荷花第一天开放的时候只有很小的一部分，也就是诗歌中的"小荷才露尖尖角"。第二天荷花就会比第一天的速度快一倍。到了第三十天的时候荷花就会开满整个池塘。

那么是不是荷花在第十五天时开了一半呢？不是的，在第15天的时候，荷花远远没有开一半，因为在第29天的时候，荷花才开一半。但是，在第30天的时候，荷花全部开放，一天开的就和前面29天开的进度一样。如果差了最后一天，那么前29天的努力就都白费了。这就是"三十天荷花定律"。

正如人们追求成功需要厚积薄发一样，首先要有"厚积"，然后才能"薄发"。成功的道路上需要的就是信念和恒心。

信念是一颗坚持的恒心，恒心是一种执着。执着如果是细流，可以穿越万里山川，一直向大海奔去，涌进海洋的怀抱。如果执着是铁棒，那就总有磨成针的一天。

信念有多大，世界就有多大

　　人的潜力是无穷的，如果你对自己有足够的信念，如果你有坚定的信念，并且从不放弃这个信念，你就会发现自己原来拥有这样的潜力，原来自己可以做到许多事情。

　　信念是一种无坚不摧的力量，当你坚信自己能成功时，你必能成功，许多人一事无成，就是因为他们低估了自己的能力，妄自菲薄，以至于缩小了自己的成就。信心能使人产生勇气，获得成功的契机，克服所有的障碍。

　　军人之子、西点学生罗伯特·爱德华·李于1807年1月19日出生在弗吉尼亚州一个贵族家庭里。

　　罗伯特·爱德华·李有一位英雄的父亲亨利·李，独立战争爆发时，他父亲投笔从戎，组织起一支骑兵队伍。

亨利·李是一位天生的勇士，这位骑兵队长用草绿色的上衣、紧绷绷的羊皮裤、锃亮的高筒马靴和长缨飘扬的皮帽子把他的部下打扮起来。这一切都是他家里出的钱。从家里他还获得了弗吉尼亚的统帅派头和骑兵的豪侠劲儿。"我剑不离身。"他说，然后率领着骑兵闪电般冲向英军给养队。他以少胜多，唬住了给福治谷驻军送给养的敌军。华盛顿将军请他当随从参谋，但是这个佩戴金肩章的亨利·李认为这差使太平淡了，他更愿意袭击敌人，以获得赫赫战功。

亨利·李早年毕业于新泽西学院。1775年美国独立战争时参军。1778年晋升少校。他曾指挥3个骑兵队和3连步兵，战功显著，因此获得"轻骑亨利·李"的别名。战争胜利后，年仅26岁的亨利授衔中校。

但他冲动，好闹事，而且爱发脾气。他说，他们对他没有论功行赏，他原该不止是个中校的。一怒之下，他离开了军队，回到了弗吉尼亚，并在第二年与一个19岁的李姓堂妹结了婚。

李的前程无比辉煌，但他的经商能力与他的军事天才正好相反。短短几年他的土地投机生意已经亏掉了妻子几乎所有的钱。8年后，李的妻子病故，抛下4个孩子。但他还年轻，有光荣的名声和历史支撑家业。他竞选弗吉尼亚州州长，结果当选了，并且与这个州的一个富豪的女儿查尔斯·安结了婚。尽管李与汉密尔顿甚至华盛顿总统交情甚笃，但他不通生意经，他的投机生意做得比以前更大了，直到最后彻底破产。

就在这时，罗伯特·爱德华·李出生了，李的一家靠借债度日。

1818年3月，亨利·李在劳困和疾病中去世，享年62岁。此时，爱德华·李才11岁。

爱德华·李正在上学，不过他可不是个只知道读书的人。闲暇时他虽然使自己成为出色的游泳健将、滑冰运动员和划桨能手，但他主要的心思还是帮助妈妈。

李夫人度日艰难，受着烦恼和贫穷的煎熬。要是没有罗伯特的话，她绝对无法支撑下来。罗伯特负责每天的采购，掌管食品室的钥匙，在餐桌上给姐妹们分吃的。他给妈妈配药，照料伺候她。在亚历山德里亚地区，许多比她日子好过得多的亲戚都看出了他十分孝顺，认为他将来准有出息。

她母亲是殖民总督亚历山大·斯波茨伍德的后裔。她嫁的是弗吉尼亚的李家，丈夫尽管晚年潦倒，但是他是独立战争中战功赫赫的军人，当过州长和国会议员，而且还是开国元勋们的朋友。凭着血统和婚姻，她与本州几乎所有的名门望族都有亲戚关系。

罗伯特是一位快乐的年轻人，生着一对棕褐色的眼珠和一头浓密的棕发，有时扬声大笑，眼泪都笑出来，这快乐的天性是他父亲遗传的。

1825年，罗伯特就要18岁了，他自己愿意当个医生，但是母亲无力送他到医学院或别的学府。他父亲最得意的时刻是在部队里。西点军校是免费的，有影响的亲戚们为他写了推荐信。

罗伯特来到纽约，进入西点军校。

他在班上总是位居第一，4年中没有犯过一次错误。他的纽扣锃亮，佩剑没有污迹，出操从不迟到，被褥永远整整齐齐，敬礼绝不马虎。也许算得上同样出色的是，他总是非常受人欢迎。每年他都担任更高的学员职务，4年级他得到了西点军校最高的学员职务，士官生部队的参谋。

在校期间，他不抽烟，不喝酒，不玩牌，从不违反任何规定，是个品学兼优的学生，被大家誉为"大理石样板"。

1829年6月，李以年级第二名的成绩毕业，被授予少尉军衔。7月，他的母亲去世，他回去处理丧事。接着，他来到密西西比河工程兵部队驻防。

1852年，罗伯特·爱德华·李出任西点军校校长，像修筑要塞那样，他实施斯巴达式的纪律。有一次，弄不到足够的钱为上骑马课的学员买马鞍，他便说："如果需要的话，学员应该没有马鞍也能骑马。"

李了解学生的实际需要，开始为学生放暑假，很受学生欢迎。后来放暑假成了西点的惯例。

这时美国已经认识到，要想管辖住从墨西哥夺取过来的广阔地区，就必须扩军。

1855年8月，国会批准组建新部队，李被派往得克萨斯州的库珀营，家眷去了阿灵顿，李奔赴他第一任野战部队指挥官的岗位。根据法令同时也免去了他的校长职务。

李指挥4个连队、12名军官、266名士兵。他经由干谷，翻山越岭，进入峡谷去追赶那些骚扰边境村落的印第安人。

1857年8月，李调往华盛顿，接任团长。团部设在圣安东尼奥。10月，他的岳父去世，于是李告假还乡。

回到阿灵顿时，李受到了也许是有生以来最大的打击，妻子成了病残——年仅49岁的玛丽早就患有风湿性关节炎，她现在已不能行走，一只胳膊几乎不能动弹。玛丽的病后来终生未愈。李把当年在他母亲病榻旁学到的东西用在了妻子身上。

李成了岳父房地产的遗嘱执行人，开始尽力处理卡斯蒂斯先生留下的烂摊子。遗嘱中那处理房地产的指示几乎都是互相矛盾的，卡斯蒂斯先生还欠下了相当多的债。

时光飞快地流逝，1859年10月，离开团部已2年的李，突然收到一封来自华盛顿的密报。

1859年10月，美利坚内战的导火线点燃了，在哈泼斯，一个鞣皮匠的儿子——约翰·布朗率领着一帮奴隶起义了。

约翰·布朗现在既是上帝的使徒，又是战士，他让他的征讨队深入敌人的腹地。布朗与他手下的18人携带北方支持者集资购买的步枪，开始去解放南方的奴隶。他袭击弗吉尼亚州的哈泼斯渡口，占领了一个政府的军械库。他从大户中抓来人质，传话要奴隶们务必集合到他这儿来，他将带领他们穿过南方，沿途解放黑人，到他大功告成，美国的蓄奴制就彻底灭亡。

詹姆斯·布坎南总统意识到马上就会爆发一场全面的暴动了。

首都仅有的部队就是伊斯雷尔·格林中尉指挥的90名美国海军陆战队，他们奉命开赴哈泼斯渡口。

接着，又派人通知罗伯特·爱德华·李上校。李当时告假离团，仍可召之前来。

1859年10月17日夜里11点，李进入军械库的围栏。

就这样，罗伯特·爱德华·李参加了内战直到1865年4月8日，格兰特收到李的信后，再次回信告诉李，为了和平，建议他们举行一次会晤。

于是，李无奈地打着白旗来到格兰特的住地，与格兰特会晤。

李首先挑明题旨，要格兰特提出接受投降的条件。

格兰特说："就是在我昨天信中明确讲明的条件——你的官兵将凭誓获释，不得重新拿起武器。全部武器、弹药、给养都要作为缴获的物品而交出。"

"这正是我盼望你提出的条件，"李说，"因为这样就不会有押着成排俘虏做胜利游行的情况，也不会有绞刑。"

会谈结束，李在受降文件上签了字，双方交换文件。

4月9日，罗伯特·李率残部28000人在弗吉尼亚境内的阿波马托克斯镇向北方军投降。在这之前，他起草了最后一份给战士们的文告：

> 经过了4年勇敢刚毅的艰苦战斗以后，北弗吉尼亚集团军现将被迫在寡不敌众的情况下投降。
>
> 我无须对这些身经无数次恶战、始终坚贞如一的勇敢幸存者说，我同意这样做并不是因为不信任你们，只是因为感到英勇和忠诚是无法补偿继续战斗所招致的损失，所以我决定避免无谓的牺牲。
>
> 我永远敬佩你们对自己国家的坚贞和忠诚，永远铭记你们对我本人的宽宏大量，我在此向你们全体深情地道别。

李将军留在阿波马托克斯，直到最后一批南部邦联军凭誓获释，最后一面军旗献出，最后一支滑膛枪摞在武器堆上由征服者运走。

几个月后，李出任华盛顿学院（现在的华盛顿与李大学）院长。当时，该院规模很小，只有4名教授，95名学生（其中94名来自弗吉尼亚），几乎濒临倒闭。在李的指导下，华盛顿学院在全国率先实行选修课制度，鼓励学生学习如何设计，如何研制复合化肥，如何重建铁路和运河，并为工厂设计图纸。

李任院长2年后，招生规模已扩大到410人（来自26个州）。在他的任期内，华盛顿学院增设了10个系，着重强调科学技术和现代语言。此外，还准备建立商学院、农学院、新闻学院和法学院。甚至在哈佛和约翰·霍普金斯这样的大学在高等教育中重视科研之前，华盛顿学院就已开始了公共福利等课题研究，并为研究人员提供研究基金了。几年的时间，李已被公认为美国一流的教育家，而不再提及他过去的军事生涯。

1870年，罗伯特·李在弗吉尼亚州列克星敦市去世，享年63岁。

如果你认为你会失败，那你就已经失败了。说自己不行的人，爱给自己说丧气话。遇到困难和挫折，他们总是为自己寻

找退却的借口，殊不知，这些话正是自己打败自己的最强有力
的武器。

第二章

强者之心

凭什么你不能成为强者

> 自信不是某件事情做成之后才对自己有信心，而是在做事情之前就怀有必胜的信念。自信是一个人取得成功的大前提，自信可以使你获得勇气和力量，一个充满自信的人更容易取得成功。

犹太人始终相信一句话：没有卖不出去的豆子。豆子如果没有卖出去，还可以加入水让它发芽。长成豆芽后就可以去卖豆芽。如果豆芽卖不动，那么干脆让它再长大些，卖豆苗。而豆苗如果卖不动，那么就移植到泥土里，让它生长。几个月后，豆苗长大，它就会结出许多新豆子。一粒豆子变为上百颗豆子，这不是一种更大的收获吗？

这个故事给我们的启发就是，有一个无坚不摧的信心就可以随时随地使自己的豆子卖得出去。

人生何尝不是一粒豆子呢？我们的一生并非平坦如意，就像这粒豆子一样经历种种风雨。但是，只要我们相信自己，有一颗无坚不摧的信心，那么我们就可以迎着风雨坚强地说："没有卖不出去的豆子。"

24岁那年，我辞去老家的教师工作，不顾家人和亲友的反对，毅然来到向往已久的北京。我想在这个举目无亲、无依无靠的遥远他乡开拓出属于自己的一片天地，我想追求自己一直以来的人生梦想，我想以看得见的成绩证明自身的价值和意义。

来这里半个月之后，我才感受到追求梦想的过程是多么艰难和痛苦。当我拖着疲惫的身躯行走在北京这个繁华的都市时，看着路上的人来人往，我觉得格外的荒凉——那么多的人里却没有一个我熟悉的人，没有一个可以倾诉这许久以来压抑在胸中的失意的亲人和朋友。我感到自己是个被世界遗忘的小丑，一个卑微可怜的角色，似一根浮萍迷失了前进的方向，找不到靠岸的路。

还好，上天总算肯发慈悲给予我这个可怜的人一点儿施舍，终于有一家很有实力的公司肯聘我任他们的编辑记者。此时，我也感觉到上天还是公平的，尽管北京这里的很多公司对毕业生都不怎么看好，不管是大公司还是小公司都不喜欢要没有任何经验的毕业生。

直到此时，我才结束了半个月以来不断寻找工作的艰辛和烦恼，可是当我喜不自禁地把这个消息告诉远在他乡的一个好友时，透过话筒，我却听到对方淡淡地说："做编辑好啊，但是做好了还行，做不好就狗屁都不是了。你以为在北京那么好混啊？我看你啊，纯粹是去凑热闹，你以为你能混出个什么样来啊？"从她那不冷不热的腔调里，我分明感觉到这不是一种朋友的建议，而是夹杂着一种嫉妒和嘲讽。

也许她以为凭我这个普普通通的人想要在偌大的北京城作出一番事业来简直不可思议，也许她以为我没有任何希望作出一番成就，也许她以为这个看似很不错的工作其实并没什么了不起。因为她当时只是我们县城的一名中学教师，拿着微薄的工资，而工作不仅辛苦而且很不顺心。

当时我万万没有想到昔日推心置腹的好朋友竟会说出这样的话来，可是我毕竟没有人家过得好，但那也只是暂时的。

我虽然气愤，但念在朋友一场的份儿上，还是给她留了情面。我只是淡淡地说："你以为我不能就一定不能吗？就凭你这番话，我也要干出个样子来让你看看我不是在凑热闹。"

此后，我时时记得朋友那天所说的这句话，我在心里暗暗发誓一定要干出个样子来，至少让她看一下我并不是她所认为的弱者，虽然我知道也许她并非有意，但我也一定要争回这口气不可。

再过半年后，我已经在这家公司成长为一名很有实力的编辑了。老板也开始让我负责策划等管理工作，我所策划、编辑的图书不断受到读者的好评。

当我再给这个朋友打电话时，我首先询问她的工作情况，她没有一如既往地说还好，而是带着明显的不满说自己的工作整天累得要死却依然得不到别人的承认。我想起上次通话时她所说的话，本来想说上几句话"回击"她，可是，我没有那样做。我想，朋友一场不容易，何必斤斤计较呢？于是，我安慰她要放开心胸，不必在意外界的风雨，这样才能挺住，勇敢向前。我接下来认真地说："虽然工作做不好，也不要认为自己什么都不是。别人这样想，我们管不着，但是关键的是自己一定不能这样想才对。"她顿时语塞，也许她想起了上次她言语的不妥。我没有讲自己在这里的工作其实做得也挺好，我知道没有必要。

就是朋友那句看似玩笑的话，使我深深明白了如果没有做好自己的工作，如果干不出一番成绩来，就会遭到他人的鄙视。而关键的是，不管别人怎么说三道四，怎么诋毁自己，只要我们坚信自己的能力，坚信自己能够干出一番成就来就足够了。成功是要给自己一个交代，而不是任何其他人。

当别人认为你没有能力成为强者时，你可以先沉默，但是一定要在心底告诉自己将来要证明给他看，你并不是个弱者。凭什么你不能成为强者？我们非要有这种气势、这种骨气才行，做一个有自信、有骨气的人，而不做自卑懦弱的可怜虫。

强者从逆境中找回自信，弱者从自卑中失去自己。做个强者，直面生活中的艰难和困苦的考验，享受生活中的快乐和幸福。

人人都有自己的强项，也有自己的弱项，不一定别人走的路你也走得通，不一定别人走不通的路，你就走不通。与其盲目地跟在别人的后面说自己不行，还不如仔细想想，选择适合自己的事，信心十足地对自己说："凭什么我不能成为强者。"

　　强者，永远是世界上的英雄，这个世界不是弱者在推动着社会前进的步伐，而是强者在用胸中那股傲然之气缔造着一个又一个神话。这绝不是夸夸其谈、画饼充饥，更不是望梅止渴。俗话说："这个世界是由自信心创造出来的。"可见，树立坚定的自信对一个人成功的重要性。生活在机遇和挑战无处不在的21世纪，欲有所作为，有所建树，坚定的自信心更是不可或缺的重要因素。

　　凭什么你不能成为强者呢？只要你相信自己可以做个强者，那么没有谁可以否定你的信心。

永远对自己深信不疑

> 这个世界上，最值得我们深信不疑的人不是我们的
> 父母、兄弟姐妹，也不是我们的爱人、朋友，而是我们自
> 己，我们自身的心灵和思想。

对自己深信不疑表现的是一种无比坚强的信心，它是勇气
和力量的象征。我想，世界上没有什么比它更珍贵、更厉害的
武器了。

你敢不敢对别人说你是第一？自信的人会毫不犹豫地说
"是"，而没有自信的人则连回答的勇气都没有，下面我们看
一则故事，相信你会明白为什么自信那么重要。

小时候，基安勒随父母移居到美国，从此他也过起了悲

惨的童年生活。小小年龄的他总是遭受同龄人的欺侮，因为他没有钱，清贫的生活让他过早地体验到了人生的艰辛，痛苦和自卑的情绪一直笼罩着他。有一天，他忍不住大声质问父亲为什么他们会这么穷，而他那碌碌无为的父亲则对他说："认命吧，你这一辈子都是这样了。"这个说法令他沮丧，他不知道自己的出路在何方，他陷入深深的苦闷之中。直到有一天，母亲告诉他："你要永远记住，世界上没有谁跟你一样，你是独一无二的。"母亲的话燃起了基安勒心底的希望之火，从此，他认定自己就是第一，没人比得上他。

当他第一次去应聘时，他没有交出自己的名片或者简历，而是递上一张黑桃A。黑桃A在他们的国家代表了最大和最强。当时，老总怔了一下，然后直盯着他的眼睛，问他："你是黑桃A？"

"没错。我就是黑桃A！"他也注视着老总的眼睛。

"为什么是黑桃A？"老总的目光有些咄咄逼人了。"因为黑桃A代表第一，而我刚好是第一。"年轻人迎着老总的目光，毫不回避。

老总笑了，他被录用了。

而后来的情况是每个人都没有料到的，他成功了，而且是真正的世界第一。他一年推销1425辆车，创造了吉尼斯纪录。

为什么他能够从一个默默无闻的穷小子一跃成为世界富翁？秘诀就在于基安勒每天睡觉前都要重复几遍说："我是第一，我是第一。"日复一日，这种鼓舞性的暗示坚定了他的信念和勇气。他的个性由此得到强化，并逐步成熟起来。这样，自信贯穿于他的事业，奠定了他成功的基础。

你敢不敢像基安勒那样对别人大声地说"我是第一"？如果你害怕自己做不到而不敢说，那请你不要这么想。"我是第一"是促使我们前进的一种动力，而不是目标。我们人人都渴望成为第一，不管能否成为现实，至少要在意识里播种争第一的信心。这样，我们的个性才会真正成熟起来，我们的能力才能得到最大限度地发挥。无数受人尊敬的成功者，都曾经宣称自己是第一。其实，是不是第一无须追究，关键是他们通过行动的确取得了成功。

然而，在生活中，我们经常看到有些能力并不十分突出的人却干得非常不错，而我们自己的境况反不如他们，甚至于一败涂地。我们往往认为有某种神秘的命运在帮他们，而在我们身上有某种东西总是在拖我们的后腿。但是，实际上却是我们的思想、我们的心态出了问题，是你的懦弱把你打败了而已。

如果你希望自己成为英雄人物，你一定要激励自己使你拥有无所畏惧的思想，你决不能害怕任何事情，你决不能使自己成为一个懦夫、一个胆小鬼。

如果你一直胆小怯懦，如果你容易害羞，那就不妨使自己确信——自己再也不会害怕任何人、任何事，那就不妨使你昂起头，挺起胸来，你不妨宣称你的男子汉气概或是你的巾帼不让须眉的气概。一定要痛下决心加强你个性中的薄弱环节。

对畏缩、胆怯和害羞的人来说，如果能展现出另外的神态，如果能表现出自信的样子，对他们往往大有裨益。胆怯、害羞的人不妨对自己说："其他人太忙，不会来操心我或看着我、观察我，即使他们看着我、观察我，对我来说，也没什么大不了的。我将按自己的方式行事和生活。"

如果你的父母和教师说你是一个笨蛋，是一个傻瓜，那么，每当你想到这一说法时，你要坚决否认。你要不断地宣称，你并不愚蠢，你有能力，你将向那些不相信你的人们表明，你能做成其他人能成的任何事。

无论别人如何评价你的能力，还是你面临什么困难，你绝不能容许自己怀疑能成就一番事业的能力，你绝不能对自己能否成为杰出人物心存疑虑。要尽可能地增强你的信心，在很大程度上，运用自我激励的办法可以使你成功地做到这一点。对于经常怀疑自己的人来说，在遇到困难时，逃避是最好的挡箭牌。

如果我们去分析研究那些成就伟大事业的卓越人物的人格特质，那么就可以看出一个特点：这些卓越人物在开始做事的前，总是具有充分信任自己能力的坚强自信心，深信所从事的事业必能成功。这样，在做事时他们就能付出全部的精力，排除一切艰难险阻，直到胜利。

玛丽·科莱利说："如果我是块泥土，那么我这块泥土也要预备给勇敢的人来践踏。"如果在表情和言行上时时显露着卑微，每件事情上都不信任自己、不尊重自己，那么这种人自然得不到别人的尊重。

造物主给予我们巨大的力量，鼓励我们去从事伟大的事业。而这种力量潜伏在我们的脑海里，使每个人都具有宏韬伟略，能够精神不灭、万古流芳。如果不尽到对自己人生的职责，在最有力量、最可能成功的时候不把自己的本领尽量施展出来，那么对于世界简直是一种损失。

别让自卑害了你

　　不管女人还是男人，任何一个人都没有必要为自己感到自卑。我们比别人所拥有的少不了多少，甚至别人没有的我们也有，要充分认识到你自身的优点，这样才能使自己充满自信，才能战胜一切艰难，走向成功。

　　一个男孩整天跟着父亲走南闯北、东奔西跑，因为他的父亲是位马术师，因此他必须四处奔波，也因此使学业耽误了不少，成绩很不理想。因为贫穷，他在学校经常遭受同学的欺辱，他没有一个朋友，这使他深感自卑。

　　有一天，老师要全班同学写作文，题目是"长大后的志愿"。那一晚，男孩洋洋洒洒地写了8张纸，描述了他的伟大志愿：长大后，我想盖一座豪宅，让父母不再奔波。我想拥有自己的农场，拥有很多很多的牛羊和马匹，过不再贫穷的生活。

　　第二天他把作业交上去时，老师给他打了一个又红又大的"F"，还叫他下课后去见他。

　　"老师，为什么给我不及格？"他不解地问老师。

　　"我觉得，你的愿望是不切实际的。你敢肯定长大后买得起农场吗？盖得起豪宅吗？如果你肯重写一个志愿，写得实际点，我会考虑给你重新打分。"老师回答说。

　　男孩回家后反复思量，最后忍不住询问父亲。父亲见他犹豫不决，语重心长地说："儿子，这是个非常重要的决定。我认为，拿个大红的'F'不要紧，但你绝不能放弃自己和自己的梦想。"

　　儿子听后，牢牢把这句话记在心底。他没有重写那篇文章，也没有更改自己的志愿。

　　20年后，这个男孩真的拥有了一大片农场，在这个农场的中央真的建造了一栋舒适而漂亮的豪宅。

　　这个男孩就是美国著名的马术师杰克·亚当斯。

拯救你的只有你自己！

人要具有为自己负责的胆识和勇气，然后才可能为他人和大众负责。假若连自己都无法把握，那么，他只会一生被人摆布。

命运掌握在自己的手中，要想拥有成功的人生，首先应该对自己负责，否则谁也帮不了你。只要看重自己，自珍自爱，生命就有意义，有价值。

我们常为我们自身的不足而深深自卑，以为那些成功的幸运儿天生都是上帝创造的完美作品，没有一点儿瑕疵，无论哪一方面都完美无缺，甚至性格、智力等因素都在我们之上。以至于很多时候，我们天真地以为我们的任何努力都将是白费，因为我们的命运注定如此多舛。也因此，我们不再渴望奇迹的出现，不再梦想自己有朝一日的发达或者功成名就。我们消极地蜷缩在世界的一角，用那曾经受伤的眼神观看这个繁华的世界，不再有追求，不再有梦想。也曾一度全盘否定了自己的价值，觉得自己完全是个废物。

可是，你只不过比别人的身材矮了点，只不过比别人的眼睛小了点，只不过比别人的嘴巴大了点，可是，天下这样的人并非只有你自己；甚至，你只不过比别人的脑子反应慢了一点儿，只不过比别人的口才笨了一点儿，只不过比别人的幸运少了一点儿，可是，天下失败的人很多，并非只有你自己。

　　如果你因为一点儿小小的缺陷、一点儿小小的失败就认为自己一无是处的话，那么，我只能反驳你说："可是一个身躯残缺的孩子却成了运动健将，成了体坛的英雄。"

　　他叫丹普赛，一个天生的畸形人——四肢不全，只有半边右足和一只右臂的残疾人。这样一个高度残疾的人，很多人都认为他是个不被上帝宠爱的孩子，没有一点儿幸运可言，这一生就注定了毫无希望。可是作为一个孩子，作为一个人，他有着与其他孩子同样的心灵、童心和梦想。多少个夜晚，他蜷缩在冰冷的角落，脸上挂着泪珠。他幻想着上帝可以赐他一个健全的身躯，可以自由地奔跑，像其他孩子一样从事运动，踢足球。

　　然而上帝并不知道这个可怜孩子的心声，小丹普赛依然过着卑微可怜的生活。后来，他的父母知道了他的梦想，就给他做了一只木制的假足，以便使他能穿上特制的足球鞋。丹普赛一小时接着一小时、一天接着一天地用他的木脚练习踢足球。后来，他变得极负盛名了，以致新奥尔良的圣哲队雇他为球员。

　　当丹普赛在赛场上用他的跛腿在最后两秒钟内，在离球门63码的地方进球时，球迷的欢呼声响遍了全美国。这是职业足球队当时踢进的最远的球。这次圣哲队战胜了底特律雄狮队。

这个结果令一向取胜的底特律雄狮队大为震惊，以至于底特律雄狮队的教练施密特说："我们是被一个奇迹打败的。"

金无足赤，人无完人。作家梁晓声曾经就女人的自卑说过："假如你不漂亮，谈吐气质也是一种魅力；假如你生就贫寒，聪明才智也是客观的财富。总之一句话，只要你愿意，你就可以是一个好女人。"

女人如此，男人也同样。假如你不够帅气，那就努力让自己更有风度；假如你身无分文，那就让自己的才能为自己赢得未来。

很多人总是会对老天发出不满的指责："你生来就待我不公，让我生下来就有缺点，为什么不让我更优秀一点儿呢？"我想，老天会笑一笑，然后告诉你："你去看看天下的人哪一个没有瑕疵吧？"是的，哪一个人没有一点儿缺陷呢？就连我们一向认为伟大英明的毛泽东都有着许多人生苦恼和遗憾，更何况我们这些凡人呢？

如果你属于你所认为的"不幸者"之列，那就想想海伦·凯勒的人生经历吧！还有谁能比一个又聋又哑又瞎的女孩更为不幸的呢？可她却成了著名的作家。

如果你身边的人说你是一个笨蛋，是一个傻瓜，那么，你要坚定地告诉他们你不是。你要不断地宣称，你并不愚蠢，你有能力，你将向那些不相信你的人们表明，你能做成其他人所不能成就的任何事。

为自己而活

　　世界美不美，生活好不好，关键在于你的心态，走出
关着自己的小屋，外面的世界很精彩，潇洒豪爽地去享受
生活，即便是沙漠，也会变成生命的绿洲。

　　为自己而活，其实是在平常的生活里享受一种简单的快
乐，而且为了这种快乐抛开世俗的纷扰。

　　那天在商场购物，看到前面一个老人迎面走来。那老人头
发花白，50多岁，身上穿一件旧夹克，脚上穿一双绿色的解放
鞋。正要移开视线的时候，却瞥见那老人嘴唇间有一根白色的小
短棒。那老人伸手把那白色的小短棒抽了出来，却是一颗圆溜溜
的粉红色的棒棒糖。老人如顽皮的孩子把糖放在眼前端详了一会

儿，吮了吮，又把它塞回嘴里，继续慢条斯理地踱着步子。

　　我不禁哑然失笑。笑过了，从他身边擦身而过，我不禁佩服起这位老人来。他是如此的率性而为，任凭那一份童真淋漓尽致地凝聚在那一颗粉红色的棒棒糖上；他是如此的无所顾忌，全然不在乎别人会拿什么眼光看他。那飞驰而过的轿车在他身边卷起一片片落叶，那西装革履的小伙匆匆从他身边经过，而他还是静静地沉浸在自己的世界里。

　　想想生活中，有多少次，我们为了顾及身份，掩藏了自己的本性，天天戴着面具生活；多少次，我们为了顾及面子，让那难得的机会一再地逝去；有多少次，我们为了顾忌别人的看法而不敢做该做的事，却在事后追悔莫及，甚至还为此一生都背着一个十字架，日日遭受良心和道德的谴责；有多少次，我们为了顾忌那些本不该顾忌的一切而犹豫不决、裹足不前、浪费光阴而铸成大错……

　　须知我们的生活除了金钱、除了权力，还有许多东西。当你为挣钱忙得焦头烂额甚至脸顾不上洗、饭顾不上吃时，为什么不一把甩开，到外面呼吸一下新鲜的空气，欣赏一下路边无名的小草；当你老也猜不透上司的想法时，为什么不干脆放弃它，然后回家看看父母？

　　须知我们是在为自己活着！累了的时候，想想那个老人，别忘了给自己的心留点空间。

　　生活中没有非接不可的电话，没有非要不可的东西，没有非做不可的事情。只要你愿意为自己而活，你便会发现，世界上只有极少的消息值得传递，一生中也只有一两封信值得花费邮资。在这个世界上，一个人越是为自己而活，便越是富有。那些为自己而活的人，实际上是天下的富人。

　　在世俗的社会里，只有你为自己而活了，你才会成为自己的主人。那些脖子上多了一条项链，衣服上多了一枚胸针，头上多了一顶帽子的人，以及有着多余表情、多余语言、多余朋友、多余头衔的人，深究一下，便会发现，他们都是在完美和荣誉的借口下展现一种累赘，这种人可能终其一生都走不进自己人生的大门。另一些人用大量的时间，贴近自然、领悟内心，只让生命之舟承载所必需的东西。这类人看似贫穷，然而这种与自然规律和谐一致的贫穷，谁说不是一种富有呢？

　　生活在这个世界上，我们承载了许多的责任和义务，我们要努力地工作，要对家庭负责，要对父母负责，但也不要忘了对自己负责。在我们为了这些责任和义务而辛苦地奋斗时，记得给自己留一点空间。当你为自己而活时，才能让你身边的人感到放心，感到幸福，因为他们期盼的何尝不是你也幸福呢？

第三章

信念的奇迹

信念的来源

> 信念若能改变其中使你设限的部分，那么在很短的
> 时间内便能使你的人生整个改观。请记住，信念一旦被接
> 受，就犹如对我们的神经系统下了一道紧箍咒。它可以激
> 发潜能，也可以毁灭潜能；它可能扩展你的现在和未来，
> 也可能毁掉你的现在和未来。

如果你希望主宰自己的人生，那么就必须好好掌握自己的
信念。第一步就是你得知道信念是什么？信念到底是什么？在
日常生活里我们常常脱口说出一长串的话，其中到底有没有什
么意义并不是十分清楚。"信念"这个词大家都常用，可是不
一定人人都知道它的真正含义。

安东尼·罗宾曾对信念有过如下定义："信念乃是对于

某件事有把握的一种感觉。比如，当你相信自己很聪明，这时说起话来的口气便十分有力量："我认为我很聪明。"当你对自己的聪明很有把握时，就能充分发挥潜力，作出好的成绩来。对于任何事，每个人都有自己的主见，不然也能从别人那里问得答案；然而自己若是个优柔寡断的人，没有坚定信念或对自己实在是没有把握，那么就很难充分发挥所拥有的各样能力。"要想了解信念并不难，不妨从信念的最初形式——念头——来谈起。每个人日常中都有许许多多的念头，不过可不都是深信不疑的。就以你自己为例来作个解说，或许你认为长得挺吸引人的，当你说："我很吸引人。"这可能只是个突发的念头而已，若要成为一个信念还得看你相信这句话的程度而定。如果你说："我并不怎么吸引人。"这话意思就犹如："我没多大信心自认为长得吸引人。"然而，你要怎样才能把念头转化为信念呢？在此可以打个比方，假设你把念头想象成是一个没有桌腿的桌面，当一个桌子没有了桌腿就不足称之为桌子。同样的，信念若没有支撑就不足以称之为信念，而只能算是个念头而已。

　　如果你自认为长得吸引人，请问你何以敢如此有自信？难道你有什么样的依据支持你这么说吗？若是有，这就构成你信念的支撑，使你有把握敢这么说。

　　你到底是有什么样的依据呢？是有人告诉你很吸引人吗？或者是你从镜子中所见并跟周围那些也具有吸引力的人比较过？还是走在街上不时有人向你投以羡慕的一瞥？不管有多少这类似的依据，除非你把它们归之于"你有吸引力"这个念头的名下，那才足以构成这个信念的支撑桌腿。

　　一旦你明白了人所说的这个比方，不妨审视一下自己的信念是如何形成的，同时也想想如何可以改变所不喜欢的信念。从上面所说的可以知道，只要有了足够的支撑——足够的依据或参考——差不多没有什么是不能建立成信念的。在此，你相信人性本恶，当与人打交道时常常担心会吃别人的亏，还是你相信人性本善，只要对人好别人也会同样地对你好？从多年的经验中或从别人处得知，相信你的心里已经有数。

　　问题是这两个信念到底哪个才是对的呢？答案是你别管哪个是对，哪个是错，重要的是哪个能帮助你过得更快活。也许周围的人可以提供你答案，让你对自己的看法更有自信，不过这些是否能使你日常的生活过得更积极呢？不错，个人的经验是最有用的，然而你这些经验又是从何而来的呢？是看书、听录音带、看电影、听别人说的，还是纯粹发自于自己的想象？

这些得来的依据必然会激起我们的情绪反应，其程度的强烈自然会影响到支撑我们信念的强度。个人的痛苦或快乐经验会造成情绪上很大的反应，其越强就越能对信念提供坚固的支撑；另外个人类似经验的多寡也深深影响着信念的强弱，不用说支持一个信念的依据越多，所形成的信念就越强固。

　　这些构成你信念的依据得精确到什么样的程度，才能为你所用呢？其实这没什么关系，不管它是真实的还是虚假的、是坚定的还是摇晃的，因为经过个人的认知，就算是再强固的个人，经验也必然会被扭曲的。

　　由于人类具有这种无中生有的扭曲本领，因而要想寻找构成信念的依据可说是没有穷尽。我们不要管这些依据的出处、不要管它是真的还是假的，只要把它当成是真的去接受就能发挥效果。

　　当然，若是我们的信念是消极的，哪怕是再假的依据也会造成极大的负面影响。既然我们有能力运用想象的依据来推动自己向前追逐美梦，那么只要想象得越活灵活现，好像它就是真的一样，就能使我们越容易成功。

　　为什么有这种现象呢？那是因为我们的脑子根本分辨不出何为真实，何为生动的想象，只要我们相信的程度越强烈，并且反复地练习，我们的神经系统便会把它当成真的，即使它是100%想象出来的。几乎每一位有杰出成就的人都有这种能力，他们能无中生有出可用的依据，因而有充分的把握，做出别人认为不可能的事来。

凡是使用过电脑的人，相信对"微软"这家公司不会陌生，然而大多数的人只知道它的创始人之一比尔·盖茨是个天才，却不知道他为了实现自己的信念而孤独地走在前无古人的路上。

当时，盖茨发现在墨西哥州阿布凯基市有家公司正在研究发展一种称之为"个人电脑"的东西，可是它得用BASIC程序语言来驱动，于是，他便着手开始进行编写这套程序并决心完成这件事，即使他并无前例可循。盖茨有个很大的长处，就是一旦他想做什么事，就必定有把握给自己找出一条路来。在短短的几个星期里盖茨和另外一个搭档竭尽全力，终于写出了一套程序语言，因而也使得个人电脑问世。盖茨的这番成就造成一连串的改变，扩大了电脑的世界，30岁的时候成为一名家产亿万的富翁。

的确，有把握的信念能够发挥无比的威力。人之所以能，是因为相信能。

　　究竟信念来自何方？为什么有人拥有推向成功的信念，而其他人拥有导致失败的信念，如果我们打算效仿那些导致成功的信念，就得先找出它的来源，首先要从环境找起。

　　孕育成功的良性循环与孕育失败的恶性循环，皆源自于环境。监禁生活最可怕的不是每日的挫折和剥夺，而是这种环境会孕育失败的信念和使幻想毁灭。

　　如果你看到的全是失败、全是绝望，要想在内心追求成功的记忆，实在是难如登天。模仿是一件人生一直在做的事。如果你生长在一个富裕且成功的环境，你很容易去模仿富裕和成功；如果你生长在贫穷和绝望的环境，你大半的模仿可能是贫穷和绝望。爱因斯坦就曾说过："很少有人能够不因社会环境的偏差而表达出公正的意见，然而绝大多数的人连公正的想法都没有。"世界顶尖潜能大师安东尼·罗宾对此就有深刻体会，他说道："在讲授模仿的课程到尾声时会有一堂实习课，我们会特别找几位在大都市里的流浪汉作为对象，模仿他们的信念系统和想法。我们不仅给他们吃，并且付出真诚的关怀，希望他们能说一说平日流浪生活的感想，然后我们就拿他们与那些虽曾遭受身体及情感上重大打击，但却能扭转人生的人相比。"

　　“在最近的一堂课里，我们找了一位年约28岁，身体强健，看来聪明，并有一张俊美面孔的年轻人，作为了解对象。我们想探讨，以他的条件，为何会如此落魄，流浪街头，而米契尔虽在外表上是一无可取，但却异常快乐的原因。”

　　“米契尔成长于一个能提供他许多克服逆境、再创美好人生的模范环境之中，让他滋生‘我也可能办得到’的信念。相对的，这位年轻人，姑且就叫他约翰吧，却生长在没有模范可学的环境里。他的母亲是个妓女，他的父亲因持枪杀人而入狱。”

　　“在约翰8岁时，他父亲就为他注射海洛因。这样的环境让他相信，若要活下去——其实只能算是苟活于世，唯有流浪街头、偷窃他人、贩卖毒品等。他认为如果自己不当心，别人就会占他的便宜，任何人都不可信。而现在，他改变了他原先所相信的看法。结果，他不再流浪街头，如今结交了许多新朋友，用新的信念过新的生活，开创新的人生。”

　　芝加哥大学的布鲁姆博士曾研究100位杰出且年轻的运动员、音乐家和学生。他十分惊讶地发现，这些年轻奇葩，大部分都不是自幼即表现出展露头角峥嵘，而是在细心的照顾、指引和帮助下，得以发展才华。这都得归功于他们成名前，即已拥有"我必出人头地"的信念。

由此看来，环境是一个产生信念的十分重要的因素。幸好，它不是唯一的，如果是的话，我们的世界就是个静止的世界。富家子弟永远只认得钱财，而贫家子弟就永无出头之日了。但是，值得庆幸的是，还有其他的方法，可以孕育信念。

信念的第二个来源即偶发事件。

在每个人的生命里，必然发生一些永难磨灭的事件。肯尼迪总统被刺那日，你在做什么？如果当时你不算小，你一定记得这件事。对许多人而言，那天的景象大大地改变了他们的世界观。同样的，另有许多经验使我们永远难以忘怀。它们会影响我们的信念，改变我们的人生。安东尼·罗宾的信念就来源于此。

安东尼·罗宾在13岁那年，立志要当一名体育记者。有一天，他从报纸中得知胡华·柯赛尔要在当地的百货公司为他的新书签名。当时他想："如果我打算成为一名体育记者，就得开始访问专家，为何不先从拔尖的人物开始呢？"主意拿定后，他就借了一台录音机，并由母亲开车将他送到现场。

到达时，柯赛尔先生正起身准备离去，安东尼·罗宾慌了，当时在柯赛尔周围群集了许多记者，争相发问他最后一个问题。罗宾钻进人缝中，挤到柯赛尔先生面前，用连珠炮的速度表明来意，并问他能否接受自己简单的录音访问。结果在众目睽睽之下，柯赛尔接受了他的个人访问。这个经验改变了安东尼·罗宾的看法，相信凡事皆有可能，没有人不能接近，只要敢开口便能得到。这次不寻常的经验一直鼓励着罗宾，使他后来为一家日报撰文，继而在传播界发展下去。

信念的第三个来源即知识。

亲身体验是知识的一种，而另外一种可从阅读、看电影等方式中得到别人的看法。知识是打破藩篱最佳的方法之一，不论你的环境是何等的艰难，如果你读了别人的事迹，你便能产生信念，助你成功。卡尔文博士是一位黑人政治学家，曾在纽约时报上提到，当他还是个青少年时，美国棒球联盟第一位黑人球员贾奇罗宝森对他一生的影响很大。他说："从他那里，我得到鼓舞，他的事迹拓宽了我的眼界。"

信念的第四个来源即过去的成功经验。

要相信自己行，最有效的方法就是实际去做一次。如果你那次成功，就很容易建立会再成功的信念。

这是安东尼·罗宾的经验之谈。为了配合出书进度，安东

尼·罗宾得在不到一个月的时间内，完成《激发心灵潜力》的初稿。当时他不敢确定是不是办得到，但后来在一天内，完成一章的内容，才确信截稿前完成那本书是做得到的。由此，他总结道："一旦你成功一次，你就知道必能再办到。"

记者从及时交稿中，也可学到信心。在他们的工作上，很少有别的事情，要比在截稿前一小时内写出一篇完整的故事那样，令他们畏惧不前。这种事对那些新手来说，是工作上最可怕的事了。但当他们成功过一两次，就知道以后也可能成功。他们不会因为是老手，就做得更利落、更快，不过一旦有这种成功经验后，他们就发现能永远在限定时间内办到。同理也可用在演员、生意人以及其他各种人。相信能办得到，就像是自我实现的预言家一样，帮助你成功。

建立信念之道，便是在内心建立一个经验，假想愿望已经实现。

正如先前的经验会改变你内心的看法，因而成真一样，你也可以利用想象，期望未来的结果。当你周围的情况无法让你生气勃勃，你这时只要把状况假想成你想要的，然后把自己融入其中，就可改变你的心态、信心和行为了。例如，如果你是位业务员，赚1万元容易，还是10万元容易？告诉你，是10万元。为什么呢？如果你的目标只是赚1万元，那么你的打算不过是能糊口便成了。如果这就是你的目标与你工作的原因，请问你工作时会兴奋有劲吗？你会热情洋溢吗？好好想想看。难道工作就只为了糊口而已？不过销售总归是销售，不论你希望做多少业绩，你都得打电话、接洽客户、送货。如果你把目标定为10万元，而不是1万元，出门时一定会更兴奋、更卖力。这时你的心态会鼓舞你发挥出比求糊口更高的潜能来。

　　很明显，金钱不会是激励你的唯一途径。不管你的目标如何，如果你在内心里对你所追求的，有个很清晰的轮廓，并且假想已经拥有了，那么你就会进入能帮助你实现愿望的状态。

　　以上这些就是建立信念之道。然而有许多人不循此途，随意地吸收周围事物，不论好坏。切记：别像随风飘零的落叶，要能控制你的信念，控制你效法他人的方法，执意地引导你的人生，你就必能改变。

信念创造奇迹

> 信念对人生有极大的作用，信念有时就是别人的一句话，甚至就是一句善意的谎言。如果这句话成了幼小心灵的一粒种子，就可以在孩子心中发芽，长成参天大树，最终创造出难以置信的成功。

有时候，我们总觉得周围一片黑暗，那是因为我们背向太阳，自己挡住了光线的缘故。为何我们不能转过身来，面向阳光？过心灵的冰河，让心灵沐浴阳光，这样我们方能睁开模糊的泪眼发现生活中的美丽，也只有这样，我们才能腾出手来握紧自信的利刃，披荆斩棘，开拓前进的道路。

只要有信心，你就能移动一座山。只要坚信自己会成功，你就能成功。

美国的一位心理学家说过："不会赞美自己的成功，人就激发不起向上的愿望。"是的，别小看这种"自我赞美"，它往往能给你带来欢乐和信心；信心增强了，又会鼓励你获得更大的成功，自信心也就会再度增强。试想，我们要是不会"给自己鼓掌"，一听到"你要是……我就……"之类的讥笑，就垂头丧气，就看不到灿烂的前景，哪里还会有今天的成功呢？唐代诗人李白在《将进酒》中写道："天生我才必有用，千金散尽还复来。"字字展示着无比的自信。坚信自己的价值，学会为自己加油，学会为自己喝彩，才会拥有一个精彩而有意义的人生。能为自己加油的人一定是强者，因为他敢于接受任何挑战，自强不息，正是这种加油和喝彩给他们带来源源不断的动力，无悔地追求自己的理想，最终实现自己的目标。

宋朝，有一段时期战争频频，国患不断，大将军李卫带领人马杀赴疆场，不料自己的军队势单力薄，寡不敌众，被困在小山顶上，眼看将被敌军吞没。就在士气大减，甚至将要缴械投降之际，大将军李卫站在大家面前说："士兵们，看样子我们的实力是不如人家了，可我却一直都相信天意，老天让我们赢，我们就一定能赢。我这里有9枚铜钱，向苍天企求保佑我们冲出重围。我把这9枚铜钱撒在地上，如果都是正面，一定是老天保佑我们；如果不全是正面的话，那肯定是老天告诉我们不会冲出去的，我就投降。"

此时，士兵们闭上了眼睛，跪在地上，烧香拜天祈求苍天保佑，这时李卫摇晃着铜钱，一把撒向空中，落在了地上，开始士兵们不敢看，谁会相信9枚铜钱都是正面呢！可突然一声尖叫："快看，都是正面。"

大家都睁开了眼睛往地上一看，果真都是正面。

士兵们跳了起来，把李卫高高举起喊道："我们一定会赢，老天会保佑我们的！"

李卫拾起铜钱说："那好，既然有苍天的保佑，我们还等什么，我们一定会冲出去的！各位，鼓起勇气，我们冲啊！"

就这样，一小队人马竟然奇迹般战胜了强大的敌人，突出重围，保住了有生力量。

过些时候，将士们谈起了铜钱的事情，还说："如果那天没有上天保佑我们，我们就没有办法出来了！"

这时候李卫从口袋掏出了那9枚铜钱，大家竟惊奇地发现，这些铜钱的两面都是正面的！虽然只是几枚小小的两面都是正面的铜钱，却让这小队人马的命运为此而改变。

　　细细体味故事时，我们能够领悟到，战斗胜利的根源其实是在于：信心。

　　信念和希望是生命的维系。因为很多时候，打败自己的不是外部环境，而是你自己本身。只要一息尚存，就要追求，就要奋斗。

　　朋友，在任何时候，无论处在什么样的境遇，请不要放弃希望和信念，如果你的心灵已太久不曾有过渴望的涌动，请你将它激活，让它焕发健康的亮色。

　　在人生的旅途中，我们常常会遭遇各种挫折和失败，会身陷某些意想不到的困境。这时，不要轻易地说自己什么都没了，其实只要心灵不熄灭信念的圣火，努力地去寻找，总会找到能渡过难关的方法。

　　一队人马在渺无人烟的沙漠中跋涉，他们已经在沙漠中走了好多天，都渴望找到生命的绿色。

　　太阳热辣辣的，他们口干舌燥。随身带的水已经不多了，他们随时都会有生命危险。大家也都走不动了。这时候，领队的老者从背上解下一只水壶，对大家说："现在只剩这一壶水了，我们要等到最后一刻再喝，不然我们都会没命的。"

　　他们继续着艰难的行程，那壶水成了他们唯一的希望，看着沉甸甸的水壶，每个人心中都有了一种对生命的渴望。但天气太炎热了，有的人实在支撑不住了。

　　"老伯，让我喝口水吧。"一个小伙子乞求着。"不行，这水要等到最艰难的时候才能喝，你现在还可以坚持一下。"老者生气地说。就这样，他坚决地回绝着每个想喝水的人。

　　在一个大家再也难以支撑下去的黄昏，他们发现老者不见了，只有那只水壶孤零零地立在前面的沙漠里，沙地上写着一行字：我不行了，你们带上这壶水走吧。要记住，在走出沙漠之前，谁也不能喝这壶水，这是我最后的命令。

　　老者为了大家的生存，把仅有的一壶水留了下来，每个人都抑制着内心的巨大悲痛。他们继续出发了，那只沉甸甸的水壶在他们每个人手里依次传递着，但谁也不舍得打开喝一口，因为他们明白这是老者用自己的生命换来的。

　　终于，他们一步步挣脱了死亡线，顽强地穿越了茫茫沙漠。他们喜极而泣，这时他们想到了老者留下的那壶水。他们慌忙打开壶盖，里面慢慢流出的却是一缕缕沙子。

同样是一个穿行沙漠的故事：

有两个人结伴穿越沙漠。走到半途，水喝完了，其中一人也因中暑而不能行动。

同伴把一支枪递给中暑者，再三吩咐："枪里有5颗子弹，我走后，每隔两小时你就对空中鸣放一枪，枪声会指引我前来与你会合。"说完，同伴满怀信心地找水去了。

躺在沙漠里的中暑者却满腹狐疑：同伴能找到水吗？能听到枪声吗？他会不会丢下自己这个"包袱"独自离去？

暮色降临的时候，枪里只剩下一颗子弹，而同伴还没有回来。中暑者确信同伴早已离去，自己只能等待死亡。想象中，沙漠里的秃鹰飞来，狠狠地啄瞎他的眼睛，啄食他的身体……

终于，中暑者彻底崩溃了，把最后一颗子弹送进了自己的太阳穴。

枪声响过不久，同伴提着满壶清水，领着一队骆驼商旅赶来，找到了中暑者温热的尸体。

中暑者不是被沙漠的恶劣环境吞没，而是被自己的恶劣心境毁灭。

面对友情，他用猜疑代替了信任；身处困境，他用绝望驱散了希望。所以，一个人无论面对怎样的环境，面对再大的困难，都不能放弃自己的信念，放弃对生活的热爱。因为很多时候，打败自己的不是外部环境，而是你自己本身。

当一个人能够坚定自己的信念，他的目标就会变得简单直接，只要你始终如一地坚持自己的信念，信念就会赐予你最大的能力，让你越挫越勇，无往不胜。

尽管信念可以来源于微小的平凡，但是它绝对有孕育伟大的力量，信念可以将人的潜能发挥得淋漓尽致，正所谓"海阔凭鱼跃，天高任鸟飞"。只有坚持自己的信念，才不会在金钱、功名、利益面前动摇，才会取得成功。信念是一种坚忍不拔的努力，也是一种毫不动摇的精神，更是一种坚定的执着。生命中最大的秘密埋藏于信念之中，打造美好的人生才是生命的意义所在。

其实，信念是每个人都可以获得的，但最重要的是得到它的人要特别珍惜，喂养它，保护它。要想成功就不要左顾右盼，更不能经常向后看，要始终抱定信念，坚持信念，信念是所有奇迹的出发点。

或许有的人大半生都一帆风顺，积累财富，广交朋友，声望日隆，个性仿佛也很坚强。但灾难突降，他们失去了所有的一切。他们被击倒了，绝望了。物质的损失吞没了他们生存的勇气。经历了如此沉重的打击，人人都会觉得希望渺茫。但是，即使是一个无知到不会写自己名字的人，如果他有坚韧的承受力，他还是有希望的；只要有勇气，就有希望。如果经受一次打击就灰心丧气，难以自拔，毫无斗志，那他就没有希望。这正是考验他的时候，在失去了所有身外之物之后，他还有自己！

　　在世界的各个角落，在每个城市，我们都会常常看到一个老人的笑脸，花白的胡须，白色的西装，黑色的，永远都是这个打扮，就是这个笑容，恐怕是世界上最著名、最昂贵的笑容了，因为这个和蔼可亲的老人就是著名快餐连锁店"肯德基"的招牌和标志——哈兰·山德士上校，当然也是这个著名品牌的创造者。而这个品牌的建立并不是一帆风顺的。

　　第二次世界大战爆发的时候，新建横贯肯塔基的跨州公路计划最后确定并向大众公布了，本已小有名气的山德士餐厅所在地旁的道路准备修建高速公路，山德士的雄心和热情一下降到了冰点。他不得不变卖资产以偿还债务，所得的款项只相当于公路通车前的总资产的一半。为了偿清债务，连他的银行存款也用光了。一下子，哈兰·山德士从人人尊敬的富翁变成了一个一文不名的穷人。

这时的山德士66岁了，所能依靠的只是自己每月105美元的救济金。山德士并不想就此了却自己的一生，况且这点救济金根本不能维持生活，还是要靠自己。

山德士苦思冥想，他拥有的最大价值的东西就是炸鸡了，这是一笔巨大的无形资产。突然，他想起曾经把炸鸡做法卖给犹他州的一个饭店老板。这个老板干得不错，所以又有几个饭店主也买了山德士的炸鸡作料。他们每卖1只鸡，付给山德士5美分。困境之中的山德士想，也许还有人这样做，没准这就是事业的新起点。就这样，山德士上校开始了自己的第二次创业。

身穿白色西装，打着黑色蝴蝶结，一身南方绅士打扮的白发上校停在每一家饭店的门口，从肯塔基州到俄亥俄州，兜售炸鸡秘方，要求给老板和店员表演炸鸡。如果他们喜欢炸鸡，就卖给他们特许权，提供作料，并教他们炸制方法。

开始时没人相信他，饭店老板甚至觉得听这个怪老头胡诌简直是浪费时间。山德士的宣传工作做得很艰难，整整两年，他被拒绝了1009次，终于在第1010次走进一个饭店时，得到了一句"好吧"的回答。有了一个人，就会有第二个人，在山德士的坚持之下，他的想法终于被越来越多的人接受了。

1952年，盐湖城第一家被授权经营的肯德基餐厅建立了，这便是世界上餐饮加盟特许经营的开始。

1955年山德士上校的肯德基有限公司正式成立。与此同时，他接受了科罗拉多一家电视台脱口秀节目的邀请。由于整日忙于工作，他只有找出唯一一套清洁的西装——白色的棕榈装，戴上自己多年的黑框眼镜，出现在大众面前。老资格南方上校烹制炸鸡的形象，很快就吸引了众多记者和电视主持人，70岁的山德士被吵嚷着要同他合作的人团团包围，要买特许权的餐馆代表还在蜂拥而至。为此他建起了学校，让这些餐馆老板到肯德基来学习怎样经营特许炸鸡店。

1964年，一位年仅29岁的年轻律师约翰·布朗和60岁的资本家杰克·麦塞等人组成的投资集团被山德士的事业深深打动，他们想用200万美元来购买该项事业，虽然这是笔不小的数额，虽然心中极为不舍，但考虑到自己74岁了，山德士还是同意了，把接下来的事业交给下一代去做。

在大家的眼中，退休的山德士总该好好歇歇了，这个永不知疲倦的老人又开始了另一项工作。自从在电视上露面之后，他的打扮已经成为肯德基独一无二的注册商标。人们一看到他，就会自然想起山德士上校的传奇经历和他永远笑呵呵的样子。为此，山德士经常开玩笑说："我的微笑就是最好的商标。"

山德士没有依靠那微薄的救济金生活，而是依靠自己的能力和积极的心态，创造了自己的品牌王国。消极就像一剂慢性毒药，吃了这服药的人会慢慢地变得意志消沉，失去任何动力。选择了积极心态的人，会达到成功的彼岸。

坚持持久的信念，是在潜意识里建立一种信心。一个人只有拥有完美的信仰，才没必要进行多次确信，也没必要进行祈祷和恳求，他只需要对所得表示感谢。

"荒漠将变成欢腾的海洋，绽放出娇艳如玫瑰的花朵。"这种将荒漠变成欢腾海洋的认知状态，将施与的大门打开。

这一理论从字面上看来很简单，但在实际生活中会困难很多。例如，有个女人必须在特定的时间展示给某人看自己有足够的钱。她知道她得做点儿什么来展示这个愿望，于是她开始行动。

她在商场里发现了一把粉红陶瓷剪纸刀，她强烈地想要得到这把刀，她想："我需要用它来剪开装有巨额支票的信封。"她果断买下了这把剪纸刀，虽然理性思维在告诉她这是奢侈的行为。当她将这把刀拿在手上时，她的头脑里立刻勾画出用刀打开装有支票信封的情景。几周后她如愿以偿，而这把剪纸刀不过是她积极信念的一座桥梁而已。

关于信念支持下的潜意识力量，还有很多例子。

例如，一个人在关上了窗的农舍里过夜，午夜时分他觉得很闷，于是迷迷糊糊地走向窗户，试图开窗却发现没办法打开，于是他只能用拳头砸碎窗格。清新的空气迎面而来，他睡得很好。到第二天早上他发现窗户毫无破损，自己打碎的是书架上的玻璃。那些清新的空气是他通过自己的想象感觉到的。

当你开始展示的时候，你就不应该再有别的念头。

我的一个学生有以下精彩的话："当我祈求得到时，我会双膝下跪说：我获得的东西会比我要求的更多！"所以永远也别妥协。"做完你应该做的，然后站着别动。"这是展示的最困难时期，诱惑来到你身边，稍有不慎就会放弃、回头和妥协。

"上帝只为那些停下来并等待它的人服务。"

信念为励志之本

> 每个人都会有想象，但想象最终总被岁月无情的夺去，只留下苍白而又简单的色彩。在这个世俗而又讲求直接的物质社会中，人们总是认为想象与成功之间的距离遥不可及。其实并不是如此，成功与失败的分水岭其实就是能否坚持自己想象，是否真的热爱自己的事业。

有一个信念，就能够很好地完成承担的工作，就会在工作中很有信心，你常常这样想并在实践中想方设法地去做好工作，信心就会更强。这就是你的行动加深了你的心态。

23岁的J.K.罗琳是个有着丰富想象力的女孩，除此之外，她和每一个同龄人都一样，平常的父母，平常的相貌，大学也一样平常。

　　大学的宽松环境让她有了更多的时间去想象，她的脑海中常会出现童话中的情景：穿着白衣裙的美丽姑娘、蔚蓝的天空、绿绿的草地，当然，还有巫婆和魔鬼……他们之间有着许多离奇的故事，她常常把这些想法写下来，而且乐此不疲。

　　大学的时候，她爱上了一个男孩，因为这个男孩的举止和言谈和童话里一样，和她想象中的"白马王子"一样。她很爱这个男孩，而男孩却无法接受她脑海中那荒唐而不切实际的想法。每次约会的时候，罗琳总会突然给他讲述一个刚刚想到的童话，这些远离人间烟火的故事让他感到厌烦。他对罗琳说："你已经23岁了，可是看你却好像永远都长不大。"于是，男孩离开了她。

　　失恋的打击并没能让罗琳的梦想停止，她坚持着想象和写作。25岁，她带着一些淡淡的忧伤和改变生活环境的想法，来到了向往已久、具有浪漫色彩的葡萄牙。很快，她便在那找到了一份英语教师的工作，业余时间仍然坚持着写她的童话。

　　不久后，一位青年记者走进了她的生活，他的幽默、风趣以及才华横溢打动了她，他们很快步入了婚姻的殿堂。而事实并没有如她想象的那样美好，她的奇思异想还是让丈夫苦不堪言。丈夫开始和其他的姑娘来往。很快地，他们的婚姻走到了尽头，女儿留给了她。

罗琳经受了生命中最沉重打击。祸不单行，离婚后不久，她又被学校解聘了，在葡萄牙无法立足的她只能回到了自己的故乡，靠领取社会救济金和亲友的资助生活。即使这样，她还是没有停止写作，她的要求很低，只是把这些童话故事讲给女儿听。

一次，她在英格兰乘地铁，坐在冰冷的椅子上等晚点的地铁到来，一个人物造型突然涌上心头。回到家，她铺开稿纸，多年的生活阅历让她的灵感和创作热情一发不可收拾。不久后，长篇童话《哈利·波特》问世了，原本出版商并不看好这本书，出版后，竟有意想不到的效果，一上市就畅销全国，达到了数百万之巨，所有人都为此感到吃惊。

现在，J.K.罗琳，她被评为"英国在职妇女收入榜"之首，被美国著名的《福布斯》杂志列入"100名全球最有权力名人"，名列第25位。

对你所做的工作，要充分认识到它的价值和重要性，它对这个世界来说是不可或缺的。全身心地投入你的工作中去，把它当作你特殊的使命，把这种信念深深地植根于你的头脑之中！

就像美一样，源源不断地想象，使你永葆青春，让你的心中永远充满阳光。记得有两位伟人如此警告说："请用你的所有，换取对这个世界的理解。"我要这样说："请用你的所有，换取你对事业的想象。"

两支足球队于场上交锋，一队势如破竹，另一队节节败退。但是突然间，居劣势的那队获得重大转折——可能是一记长传或中途拦截等，获胜希望增强为一股信念，令球员个个士气大振。他们感到胜利在望，而这种感觉在对手眼神的刺激下更为强烈，许多球员因而心中想道：好，再拼下去！人生也是如此。当我们感觉好事将到临时，就会变得精神百倍。当我们感到大势已去，就会像泄了气的皮球，满脑子消极思想。这就是为什么动机在好事或坏事临头时，皆相当重要的原因，也是一个人要像填饱肚皮那般，定期补充动机的能源以成就各种事业的原因。

融入一个新观念、建立一个增进信心的新想法，或是出现一个有意义的念头，能够令人精神大振、凝聚为动力。人在积极向上时，表现及学习的情形就会更好，此刻你该储存一些向上奋斗的动机，等到遭遇挫折时就会派上用场。例如，每个推销员不论资历多久，都会告诉你，当你在挣扎求生之际，一旦有所突破，自然便会一帆风顺。你做成一笔大生意后，另一笔会跟着来，你的动力在期待的心理下自然也跟着升高。

不幸的是，这种情形也可能反其道而行之。当你接二连三地失利后，就会开始怀疑自己，等着别人向你说不，然而，此刻你其实已快打动顾客的心了。但不少推销员却早早罢手，于是永远没机会弄清楚自己是否具有成功销售的能力（其他更具挑战性的职业也是这样）。

美国学者皮特森博士在《美满家庭》月刊中说得好：人在一生中总有彻头彻尾失败的时刻。许多人任由失败的恐惧摧毁了他。事实上，恐惧本身还较失败更具破坏力，不管在人生的哪一层面，只要你对失败深怀惧意，你尚未起步就已被击垮了。而有些人却能从失败中重新站起，发挥潜能，迈向成功。关于这一点，下面的这个故事就是一个典型的例子：

杰克是一个冷酷无情的人，嗜酒如命且毒瘾甚深，有好几次差点把命都给送了，就因为在酒吧里看到一位不顺眼的酒保而犯下杀人罪，后来被判终身监禁。他有两个儿子，年龄相差才一岁，其中一个跟他老爸一样有很重的毒瘾，靠偷窃和勒索为生，目前也因犯了杀人罪而坐监；另外一个儿子可不一样了，他担任一家大企业的分公司经理，有美满的婚姻，养了三个可爱的孩子，既不喝酒，更未吸毒。为什么同出于一个父亲，在完全相同的环境下长大，两个人却会有不同的命运？在一次个别的私下访问中，问起造成他们现况的原因，二人竟然是相同的答案："有这样的老子，我还能有什么办法？"

我们经常以为一个人的成就深受环境所影响，有什么样的遭遇，就有什么样的人生。这实在是再荒谬不过了，安东尼·罗宾对此曾说过一句非常精辟的话："影响我们人生的绝不是环境，也绝不是遭遇，而得看我们对这一切是抱持什么样的信念。"

越战期间有两位美国飞行员的座机被高射炮击落，因而被俘并分别关在戒备最森严的法罗监狱中。他们被钉上手铐脚镣，日夜不停地遭受拷问以逼供军情，在这样的折磨下二人对未来却有完全不同的想法。一位认为这辈子是完了，要想免去受不完的罪唯有一死，于是他便自杀了；但是另外一位可不这样想，他把这场非人的遭遇视为上天对他的考验，要磨炼出他不屈不挠的意志。这位勇士就是吉拉德·考菲上尉，他把在越南监狱中所遭受的酷刑告诉了全世界，也因而印证了人类的意志足能克服各样的痛苦、挑战和困难。

　　有两位年届70岁的老太太，对于未来也因不同的信念而有了不同的人生。一位认为到了这个年纪可算是人生的尽头，于是便开始料理后事；然而另一位却认为一个人能做什么事不在于年龄的大小，而在于有怎么个想法。

　　于是，她给自己订下了更高的计划，在70岁高龄之际开始学习登山，随后的25年里她一直冒险攀登高山，其中几座还是世界上有名的。就在最近她还以95岁的高龄登上了日本的富士山，打破攀登此山年龄最高的纪录。

　　她就是全美鼎鼎有名的胡达·克鲁斯老太太。

　　由上述的例子可见，能够决定一个人的一生的，不是环境，也不是遭遇，而得看你对于这一切赋予什么样的意义，也就是说你是用什么样的认知，这不仅会决定你的现在，也决定你的未来。事实上，人生到底是喜剧收场，还是悲剧落幕，是丰丰富富的，还是无声无息的，全在于人们所持有的是什么样的信念。

信念造就你的人生

　　只要拥有一个信念，那么心就不会死；心不死，思想
就不会死；思想不死，人就永远是活跃的、生动的、前进
的。不管我们的人生之路多么阴沉黑暗，我们决不容许自
己的信念有一丝一毫的动摇。

　　做人最要紧的是心存信念，只要拥有信念，即便是身处寒
冬，也能感受到春天脚步正向你走来；如果没有信念，即便是
生活在幸福的天堂，也会过得索然无味。看看我们身边的人，
也许他青春年少，也许他身体强壮，也许他学富五车，也许他
腰缠万贯，但是，这一切并不能代表他们的心一定是活着的。
心已经死了，就算拥有一个健康青春的身体，做人也没有多大
意义。

　　缺乏信念，会对周围的一切都抱否定的态度，会觉得一切都是虚无缥缈、毫无意义的，他们享受不到幸福与成功的感觉，久而久之，也会对自己产生否定。如果你总是自我评价过低，如果你总是贬低自己，当你和别人打交道时，就别指望对方会尊重你。因为人们通常不会尊重一个没有生活信念的人。

　　点燃态度的火种，是"目标"与"热情"。曾被《华尔街日报》誉为"态度之星"的凯斯·哈维尔在其著作《态度万岁》中指出：要培养态度，首先必须先找出人生"目标"与"热情"。没有"目标"与"热情"，很容易迷失方向，深陷于挫折中。有了梦想，立即把它写下，并为它定下可操作的行动策略，只要目标一确定，就告诉自己，"永不放弃、永不停止"，勇敢面对任何的挫折及挑战。

　　1935年，名震世界的男高音歌唱家帕瓦罗蒂出生在意大利的一个面包师家庭。他的父亲是个歌剧爱好者，他常把卡鲁索、吉利、佩尔蒂莱的唱片带回家来听，耳濡目染，帕瓦罗蒂也喜欢上了唱歌。

　　小时候的帕瓦罗蒂就显示出了唱歌的天赋。长大后的帕瓦罗蒂依然喜欢唱歌，但是他更喜欢孩子，并希望成为一名教师。于是，他考上了一所师范学校。在师范学习期间，一位名叫阿利戈·波拉的专业歌手收帕瓦罗蒂为学生。

　　临近毕业的时候，帕瓦罗蒂问父亲："我应该怎么选择？是当教师呢，还是成为一个歌唱家？"他的父亲这样回答："卢西亚诺，如果你想同时坐两把椅子，你只会掉到两个椅子之间的地上。在生活中，你应该选定一把椅子。"

　　听了父亲的话，帕瓦罗蒂选择了教师这把椅子。不幸的是，初执教鞭的帕瓦罗蒂因为缺乏经验而没有权威。学生们就利用这点捣乱，最终他只好离开了学校。于是，帕瓦罗蒂又选择了另一把椅子——唱歌。

　　17岁时，帕瓦罗蒂的父亲介绍他到"罗西尼"合唱团，他开始随合唱团在各地举行音乐会。他经常在免费音乐会上演唱，希望能引起某个经纪人的注意。

　　可是，近7年的时间过去了，他还是无名小辈。眼看着周围的朋友们都找到了适合自己的位置，也都结了婚，而自己还没有养家糊口的能力，帕瓦罗蒂苦恼极了。偏偏在这个时候，他的声带上长了个小结。在菲拉拉举行的一场音乐会上，他就好像脖子被掐住的男中音，被满场的倒彩声轰下台。失败让他产生了放弃的念头。

这时冷静下来的帕瓦罗蒂想起了父亲的话，于是，他坚持了下来。几个月后，帕瓦罗蒂在一场歌剧比赛中崭露头角，被选中于1961年4月29日在雷焦埃米利亚市剧院演唱著名歌剧《波希米亚人》，这是帕瓦罗蒂首次演唱歌剧。演出结束后，帕瓦罗蒂赢得了观众雷鸣般的掌声。

第二年，帕瓦罗蒂应邀去澳大利亚演出及录制唱片。1967年，他被著名指挥大师卡拉扬挑选为威尔第《安魂曲》的男高音独唱者。从此，帕瓦罗蒂的声名节节上升，成为活跃于国际歌剧舞台上的最佳男高音。

当一位记者问帕瓦罗蒂成功的秘诀时，他说："我的成功在于我在不断地选择中选对了自己施展才华的方向，我觉得一个人如何去体现他的才华，就在于他要选对人生奋斗的方向。"

一个人如何去体现他的才华，就在于他要选对人生奋斗的方向。只有选对了方向，才会取得成功。不管你的目标如何，如果你在内心里，对你所追求的，有个很清晰的轮廓，并且假想已经拥有了，那么你就会进入能帮助你实现愿望的状态。

自我评估过低的人，很少能干成一件事情。你的成就不会超过你的期望。如果你期望自己能成功，如果你要求自己干一番事业，如果你对自己的工作有更大的抱负，那么，与自我贬低和对自己要求不高的人相比，你会更胜一筹。

如果你认为自己处境不利，如果你认为自己不如其他人，如果你认为自己不能获得别人那样的成就，那么你就无法克服前进道路上的重重阻碍。

不断地自我贬低的人，总是认为自己不过是活在尘世间一条可怜虫的人，总是认为自己绝无可能取得任何成就的人，会给别人留下相应的印象，因为你认为自己怎么样，在别人看来你也就是那个样子。

你对自己，对自己的能力、地位、重要性和社会角色的评价，都会在你的表情上显现出来，都会从你的行为举止、言谈交往中显现出来。

如果你感觉自己非常平庸，你就会表现得非常平庸。如果你不尊重你自己，你会将这种感觉写在你的脸上。如果你自我感觉欠佳，如果你对自己总有喋喋不休的意见，那么，除了你遵照自己不断强调的这种认识行动，你还能希望什么呢？还能期待什么呢？

如果你对自己的前途有更清醒的认识，如果你对自己有更大的信心，那么，你会取得丰硕的成果。为什么你要畏首畏尾地追随别人，哭哭啼啼地做人家的跟屁虫呢？为什么你总是亦步亦趋地去模仿别人，而不敢求助于你本身的灵魂或思想呢？

信念是人的生命得以闪光的火花，信念的火花一旦熄灭，人的生命就不会再有闪光点了。人的生命如不以信念为依托，就会逐渐萎缩，以致枯槁。

我们知道，平庸的思想远没有高尚的信念所产生的有效力量强大。如果你的信念已形成了高尚的自我评估，你身上所有的力量就会紧密地抱成一团，帮助你实现梦想。梦想总是跟着人的信念走，总是朝着生命确定的方向走。

人的整个生命过程则一直都在复制其心中的理想图景，一直都在复制其心中为自己描绘的画像。没有哪一个人会超越他的自我评价。如果天才会相信他会变成一个白痴，并且他一直那么想，那他就会真的成为一个白痴。一个人目前的整体能力是不是很强关系不大，因为他的自我评价将决定他的努力结果，决定他是否能取得成功。一个对自己信心很强但能力平平的人所取得的成就，常常比一个具有卓越才能但信心不足的人要多得多。

一个人生活的意义，生命的意义，全在于信念的意义。

信念的核心意义就是：激活人的生命，并为生活增强信心。所以，生命的闪光其实是信念的闪光，生命的可贵其实也是信念的可贵。

信念能将美梦付诸行动

　　动机是促你前进的动力，而习惯才是达到目的的关键。将动机化为习惯，不仅会缩短迈向成功的旅程，也会使旅途增添无穷的乐趣。

　　安东尼·罗宾说得好："就我而言，信念最真实之处便是让我能充分发挥所长，将美梦付诸行动。"人们常常会对自己本身或自己的能力产生"自我设限"的信念，其中的原因可能是因为过去曾经失败过，因而对于未来也不希望会有成功的一日。

　　出于这种对失败的恐惧，长久下来他们便开始学得"务实"。有的人经常把"务实一点儿"这句话挂在嘴边，事实上他乃是害怕，唯恐再一次遭到挫败的打击。长久以来内心的恐惧成为一个根深蒂固的信念，当遇到事时便踌躇不前，即使做了也不会尽全力，不用说结果必然不会有多大的成就。

有些人认为，只有天才才会有好主意。事实上，要找到好主意，靠的是态度，而不是能力。一个思想开放有创造性的人，哪里有好主意就往哪里去。在寻找的过程中，他不轻易扔掉一个主意，直到他对这个主意可能产生的优缺点都彻底弄清楚为止。

罗马纳·巴纽埃洛斯是一位年轻的墨西哥姑娘，16岁就结婚了。在两年当中她生了两个儿子，丈夫不久后离家出走，罗马纳只好独自支撑家庭。但是，她决心谋求一种令她自己及两个儿子感到体面和自豪的生活。

她用一块普通披巾包起全部财产，跨过里奥兰德河，在得克萨斯州的埃尔帕索安顿下来，开始在一家洗衣店工作，一天仅赚1美元，但她从没忘记自己的梦想，即要在贫困的阴影中创建一种受人尊敬的生活。于是，口袋里只有7美元的她，带着两个儿子乘公共汽车来到洛杉矶寻求更好的发展机会。

她开始做洗碗的工作，后来找到什么活儿就做什么。拼命攒钱直到存了400美元后，便和她的姨母共同买下一家拥有一台烙饼机及一台烙小玉米饼机的店。

　　她与姨母共同制作的玉米饼非常成功，后来还开了几家分店。直到最后，姨母感觉到工作太辛苦了，这位年轻妇女便买下了她的股份。不久，她经营的小玉米饼店铺成为全美最大的墨西哥食品批发商，拥有员工300多人。

　　她和两个儿子经济上有了保障之后，这位勇敢的年轻妇女便将精力转移到提高她美籍墨西哥同胞的地位上。

　　"我们需要自己的银行。"她想。后来，她便和许多朋友在东洛杉矶创建了"泛美国民银行"。这家银行主要是为美籍墨西哥人所居住的社区服务。如今，银行资产已增长到2200多万美元，在这之前抱有消极思想的专家们告诉她："不要做这种事。"他们说："美籍墨西哥人不能创办自己的银行，你们没有资格创办一家银行，同时永远不会成功。""我行，而且一定要成功。"她平静地回答说。结果她真的梦想成真了。她与伙伴们在一个小拖车里创办起他们的银行。可是，到社区销售股票时却遇到另外一个麻烦，因为人们对他们毫无信心，她向人们兜售股票时遭到拒绝。

　　他们问道："你怎么可能办得起银行呢？""我们已经努力了十几年，总是失败，你知道吗？墨西哥人不是银行家呀!"但是，她始终不放弃自己的梦想，始终坚持不懈。如今，这家银行取得伟大成就的故事在东洛杉矶已经传为佳话。后来，她的签名出现在无数的美国货币上，她由此成为美国第三十四任财政部长。

　　态度比教育、金钱、环境更重要。查尔斯·史温道尔曾说："态度比你的过去、教育、金钱、环境……还来得重要。态度比你的外表、天赋或技能更重要，它可以建立或毁灭一家公司。"在最近总经理级人物"CEO"卷调查中，有80％的人承认，并非特殊才能使他们达到目前的地位。这些人当中没有一个人在班上是名列前茅的，之所以能达到目前的地位就是凭借态度。

　　要想使宏伟的计划不是永远停留在纸上的蓝图，你就要用行动把它变为现实。

　　伟大的领导者很少是"务实"的，他们非常聪明，遇事也拿得准，可是就一般人的标准来看可绝对不务实。然而什么叫作务实呢？那可全然没有个准，就甲看来是件务实的事，可是换成了乙就全然不是那回事，毕竟是不是务实，那全得看是以什么样的标准而定。

印度国父甘地坚信采取温和的手段跟英帝国主义抗争，可以使印度获得民族自决的权利，这是前所未有的事，就很多人来看这可是痴人说梦话，不过事实却证明他的看法极为正确。

同样的情形，当年有人放话要在加州橙谷建造一座有特色的游乐园，让世人在其中能重享儿时的欢乐。有好多人都认为那简直是在做梦，可是沃特迪士尼却像历史中少数那些有远见的人一样，把神话里的世界真的带到这个并不美丽的世上。

如果你打算人生中做出一件错误的事，那么就低估自己的能力吧（当然，那可不能危害到自己的生存）。不过，这件事可并不容易做，毕竟人类的能力远大于所能想象的程度。事实上根据许多调查，发现悲观的人与乐观的人在学习一样新的技能时有很大的差异，前者只想做到合乎要求即可，可是后者往往却想做到超过能力所及的地步，就是这种对自己不务实的要求造成后者的成功。

为什么最终前者会失败而后者会成功呢？因为乐观的人心里根本就没有成功或失败的依据，即使有他们也刻意不去注意，从而就不会产生像"我失败了"或"我不会成功"的念头。相反，他们不断加强自己的信念、不断地发挥想象力，期望后面的每一步都走得更好，以至于终于成功。

　　就是这种特质和不寻常的观点，让他们得以坚持不懈，以期达到所期望的成就。成功之所以让那么多人向往，乃是因为他们在过去并未有过足够的成功经验，可是对于那些乐观的人来说，他们只有一个信念，就是"过去并不就等于未来"。一切伟大的领导者，不论他们是在人生的哪个领域中有杰出成就，都知道全心追求理想所能发出的力量是无比的，哪怕他们丝毫不知道要怎么去做。如果你能有积极信念，其所衍生的信心必然能使你完成各样的事情，即使是别人认为不可能的。

永恒的信念

相信自己会失败的人，总是绝对相信不好的结果一定
会发生，所以他们并不缺乏信心，他们的错误在于总是将
自己的满腔信心放在不想要的事情上。

我们都知道，成功者正是那些坚持自己信念的人。

告诉你一个保证你失败的规律："每当你遭受挫折时便放弃
它！"不要再去努力了，我敢担保你如果这样做就绝不会胜利。

也告诉你一个保证你会成功的诀窍："每当你失败时，再
去尝试，原谅自己的过失。"

决定你是否处于最佳状态的最直接因素便是你的信念。当
你的心灵只为一种可能的结果所盘踞时，你的心灵将会产生一
种魔力。你的思考过程和整个神经系统会将一切的力量都凝聚

于这个结果。

能利用心灵力量让自己的表现更好吗？当然可以。你可以重复地告诉自己："我能做到！我能做到！我能做到！"且在一边重复这句话时，想象着你所要达到的变现水准。不要让任何相反的念头窜入你的心里，忘掉它们。胜利者永远只想着胜利者。

信念会在许多方面以化学方式影响我们的心理和生理，让我们更明确成功的到来。我们的心理和生理会呈现出最佳的状态：进取心更强、更为专注、注意力更为集中、拥有更多的精力以及追求胜利的坚强意志和决心。

唯有我们所坚信的思想最后才会落实在我们的生活中，这是因为潜意识只接受我们所相信的事物。若想要了解我们自己现在拥有哪些坚定的信念，我们只需好好去检视一下自己的各个生活层面——我们的健康、家庭、职业、朋友、活动以及所拥有的事物等。

我们的信念是非常重要的。它代表了我们过去针对自己及世界，以及我们期望或不期望去做的事情所做的决定。只要我们不去挑战这些信念，它们的影响就会继续出现在我们的生活中，继续控制我们的思想，并且主导我们的行为，进而决定我们实际的表现。对于我们在既有的生活层面中所表现出来的样子，我们在此方面的潜能仅有小部分的作用。事实上，最大的因素是在于我们那根深蒂固的信念。

我们知道我们的每一个中心信念都是一种选择，而新的信念可能会为我们的表现带来一次质的飞跃。因此，到底有哪种方式能让我们改变心中信念，让我们往前迈进呢？这里有6个经过证实的方法，能用以改变我们关于自己及我们的世界中心信念：

（1）重新思考

这是对于我们长期以来的信念的一次重新评估。找一个你现在所拥有关于你自己的一个中心信念。例如，你至今仍坚决地相信："我永远没希望去成为某种人，去做有意义的事，或是去拥有值得拥有的东西：无论如何都不可能。"你一定得好好地问自己为什么会有这样的想法，这就叫作重新思考。

（2）积极暗示

也就是你的自言自语。停止再告诉自己负面的事，那只会让你更沮丧。以相反的方法去重说一遍同样的话，并注意这将带给你截然不同的效果。把"我没办法公开演讲……"改成"我能公开演讲，因为……"成为你自己的最佳打气者："我是最好的！我是最好的！"当然，你就一定能成为最好的。

（3）重估形象

运用你的想象力。在某件你已知自己很擅长的事上，你是否能想象自己成功的情景？现在，使用同样的程序去想象在某件你想要做好的事上已获得成功的情景。这是一个惊人的事实：一个栩栩如生、详细的想象对于我们的脑部所产生的影响，会比真实的生活经验多出10~60倍。你能逐步地想象你的成功之路，而我们知道没有任何事会像成功一样让人向往。

（4）调整生理机能

你的生理机能包括声音音调、面部表情、肢体语言、肌肉形态，以及呼吸方式。你已经发展出有关正面情绪，如快乐、兴奋、平静及自信的生理机能。同样，你也已发展出负面情绪，如悲伤、烦闷、沮丧、焦虑和自我怀疑的生理机能。你只需选择你想要的特定情绪，然后据此调整你的生理机能。

（5）择善而学

你应该去接触会激发你的积极性的书籍、研讨会以及录音带。使用这些你在生活中所能接触到的正面事物来鼓励自己，做一个终生学习的成功学生。

（6）探求成功之道

　　"三人行，必有我师焉。"我们应该去向成功者探求成功之道。那你应该如何去做呢？你必须做到以下五点：一问；二聪明地问；三问对人；四尽可能去问更多人；五永远保持开阔的心胸——让自己成为可被教导的人。去接触其他人、书本、录音带、研讨会——让自己沉浸在正面的环境中。

　　每一位在成功路上艰难跋涉的人，请相信你内心的力量是获得成功的最有力的武器。只要成功的信念如一，每个人就都会拥有成功的心理基础。

第四章

敢于放手一搏

勇于冒险

　　没有挑战的人生就像是一张白纸，有勇气挑战自己和
困难的人才能在挫折中站起来，书写精彩的人生！

　　那些有所成就的人往往具备一定的冒险精神。我们知道，
有魄力才能成就大事，敢于冲锋陷阵的人才能夺得胜利，在任
何困难面前，我们都要有挑战的勇气和决心。

　　院子里，拴着一头毛驴，毛驴的左右两边各放了一堆青
草，毛驴犯难了，先吃哪一堆呢？在它犹豫不决时，来了一群
牛把两边的草围了个水泄不通，结果那头驴什么也没有吃到。

　　这虽然只是一则寓言故事，却从一个侧面告诉我们，遇事
不能犹豫不决、举棋不定，不然，就只能像那头毛驴一样，结
果哪堆青草都没有吃到。可是在现头生活中，有许多人有着同

这头毛驴一样的处事态度，他们总是要等到考虑成熟了之后才去做一件事，殊不知，就在他们考虑的时候，机会已经被别人抢占了去。

人们常说有魄力的人能够成就大事，优柔寡断的人容易错失良机。做事情就要有一股冲劲，有魄力，敢于下手才能适时得到机会。在决策面前，如果错误我们当然要排斥，如果正确就应该一往无前地去做，而不应该为了那些多余的顾虑，不敢果断地采取行动。

德国大诗人歌德曾这样说："你若失去了财产，你只失去了一点；你若失去了荣誉，你就丢掉了许多；你若失去了勇敢，你就把一切都丢掉了。"很多事情就是这样，如果你一直在犹豫不决、瞻前顾后，就总会有越来越多的因素让你觉得时机还没有成熟，可是一旦当你勇敢地迈出了第一步，就会发现，事情原来并非当初你认为的那样。

在一家效益不错的公司里，总经理有一个奇怪的规定："谁也不要走进8楼那个没有挂门牌的房间。"但他没有解释为什么，员工们都牢牢地记住了总经理的叮嘱。

一个月后，公司又招聘了一批新员工，总经理对新员工又交代了一次上面的叮嘱。

"为什么？"这时有个年轻人小声嘀咕了一句。

"不为什么。"总经理满脸严肃地答道。

回到岗位上，年轻人还在不解地思考着总经理的叮嘱，其他人劝他干好自己的工作，听总经理的没错，但年轻人却偏要走进那个房间看看。他轻轻地叩门，没有反应，再轻轻一推，虚掩的门开了，只见写字台上放着一个纸牌，上面用红笔写着：把纸牌送给总经理。

当他将那个纸牌交到总经理手中时，总经理宣布了一项惊人的任命："从现在起，你被任命为销售部经理。"

"因为我把这个纸牌拿来了？"

"不错，我已经等了快半年了，相信你能胜任这份工作。"总经理充满自信地说。

果然，年轻人来后，销售部的工作业绩月月攀升。

在现在这个瞬息万变的时代大背景下，无论哪个行业，每天都在发生着一些或多或少、或大或小的变化，可也就是这些变化，往往会给我们带来许多不可预知的机会，但若要把握住这样的机会，就必须要有冒险精神。

其实，敢于冒险是一种勇气，一种不害怕失败的勇气，一种不在乎得失的勇气。只有敢于冒险的人才能成功，企业家把自己辛辛苦苦积攒下来的资金用于新的投资和发展，这就是一种冒险，是积极的冒险，权衡利弊后的冒险。

当然了，有的人之所以能在冒险中大获全胜，是和他前期所做的工作分不开的。我们不提倡那种毫不思索的冒险，或者是没有任何心理准备和行动准备的冒险，想要降低冒险的风险概率，那就得对风险有一个全面的认识。也因为对冒险有所准备，所以常常能看到别人看不到的商机。

要战胜自己

　　人生中最大的敌人并不是来自外部的任何人或物，而
是自己。因此，只要我们能够战胜自己，一切前进路上的
困难与挫折也就随之被征服了。

　　洛克菲勒说："与其生活在既不胜利也不失败的黯淡的阴
郁的心情里，成为既不知欢乐也不知悲伤的懦夫的同类者，倒
不如不惜失败，大胆地向目的挑战，夺取辉煌的胜利，这样可
喜可贺得多。"

　　不敢挑战自我的人永远不会有任何机会，因为上帝并不会
给一个人太多的机会，就连美国最负盛名的画家迪士尼，上帝
也只给了他一只"米老鼠"。

在不断奋斗的人生道路上，我们发现一部分人失败了，而另一部分人却成功了，这其中的主要原因是：前者是被自己打败，而后者却能打败自己。一个人要挑战自己靠的不是投机取巧，不是要小聪明，靠的是信心和勇气。人只要有了信心和勇气，就会从心底里产生出一股强大的意志力量。人与人之间，强者与弱者之间、成功与失败之间最大的差异就在于意志力的差异，人一旦有了意志的力量，就能战胜自身的各种弱点。正如一位作家说的那样——"自己把自己说服了，是一种理智的胜利；自己被自己感动了，是一种心灵的升华；自己把自己征服了，是一种人生的成熟；能征服自己的人，就有力量征服一切挫折。"

我们在追求自己的理想时，会遇到很多艰难险阻，即使是那些成功人士，他们也一样每天要面对很多困难，就像家家有一本难念的经一样，不要认为别人都是一帆风顺的，而自己却处处遭遇挫折。人的一生，总是在与自然环境、社会环境、家庭环境的斗争中适应，因此有人形容人生如战场，勇者胜而懦者败，从生到死的生命过程中，所遭遇的许多人、事、物，都是战斗的对象。其实，自己的心念，往往不受自己的指挥，那才是最顽强的敌人。一般人认为，如果没有危机感、竞争力或进取心，可能会失去生存的空间，所以许多人都会殚精竭虑地为自己、为孩子安排前途，以作为发展的战场。从小到大，我们往往都会有比较的对象，小时比学习，长大比收入，虽然，处处和人比较的这种心理在一定程度上能够刺激一个人奋斗的愿望，但这种想法也带有一定的负面作用，容易产生嫉妒而导致心理疾病，也就是心理的不健康。其实，只要记住，不能白白地来这个世界走一遭，我们应该为自己活出点样子，也就是做最好的自己，挑战自己。

　　当然，挑战自己也就是意味着要克服自身的一些弱点，比如，懒惰、怕吃苦等一些毛病。要有挑战自身极限的胆量、勇气和欲望。每个人都应以坚定的信心和运筹帷幄的胆识，回应生活的种种挑战。每一次超越自我都会有很多的收获。在现实生活中，我们都有这样的发现：有些貌不惊人甚至并不聪明的人做出了惊人的成绩；相反，有些耳聪目明、各方面条件都很不错的人却成绩平平。这是为什么呢？这正应了一句老话：上帝并不偏爱每一个人。事实上，每个人都想成才，都想获得成功。获得成功的条件有四个方面：才能、机遇、困难、努力程度。很多人都能感受到，超越别人并不难，难的是超越自己，超越自己就是战胜自己。

　　20世纪70年代后期，汽车市场萎缩，意大利菲亚特汽车总公司病入膏肓。1979年，维托雷·吉德拉出任债台高筑的菲亚特公司总经理。他上任伊始致力于采用新技术、设计新车型。经过三四年的努力终于推出了昂罗车以替代老式的菲亚特车。

　　新车型简化了车体结构。昂罗比老产品菲亚特127的车身部件减少了35%，铆焊点减少了36.9%。连发动机的构件重量也下降了12%，是当时世界上最轻的汽车发动机。

　　新车型降低了耗油量。昂罗车采用了先进的截流装置和具有较高压缩比的空气压缩机，改善了燃油过程，加上车身变轻，风阻系数变小，所以耗油量下降了13%。

　　新车型还采用了电子设备和新材料。它装配了电子集成点火系统，能够更好地控制发动机、点火时间和燃油的供给量。发动机和车体部件尽可能采用铝合金、碳素钢、优质塑料及合成橡胶，使部件更轻、更牢固，生产成本也下降了不少。

　　昂罗车一问世，便很快扭转了菲亚特在欧洲汽车市场的被动局面。当年的市场占有率就上升到12.7%，1984年又上升到13.4%，雄踞第一位。1983年的营业额高达12亿美元，利润7000

万美元。

　　菲亚特汽车公司依靠高、精、尖的科学技术，一举扭转了连续10年亏损的衰败局面。

　　突破传统的创新让菲亚特起死回生，是材料技术的突破扭转了菲亚特汽车公司的衰败局面。突破就是超越，突破就是菲亚特成长的关键。同样，敢于突破、敢于尝试也是科学家们所必备的积极心态。

　　可以找一个比自己强的人作为竞争对手，并不断超越。只有这样，才有人生的超越。真正把自己投进如火如荼的生活，就是勇敢地把自己置于人生角逐的队列中，让那颗历经风霜的心在跌宕起伏的岁月里，能够不断地迎接机会与挑战，并且把其中的经验与教训作为自己不断成长的营养。只有超越才有飞跃，也只有突破才有成功。

　　战胜自己并不是一件简单的事，得意时容易忘形，失意时容易自暴自弃。平常人很难不受环境影响，矛盾、冲突、挣扎，经常发生，如何调节烦恼，非常重要。发生在心外的事比较好应付，发生在心中的事则较难处理。这需要作自我排解、自我平衡，并且在观念和方法上都要努力调整适应。

超越自我

只要我们立志做一个成功者，做一个最伟大的人，最好的事情就会发生在我们的身上。所以，我们要想自己杰出，我们必须把自己变成最好的人。

洛克菲勒的女儿伊丽莎白所在的公司总经理就要退休了，伊丽莎白一直非常努力地完成工作，而且她当选的可能性很大，洛克菲勒也对女儿有很高的期待。可是，伊丽莎白却想放弃这次挑战，在总经理引退前的6个月，她要和丈夫去度假。

洛克菲勒得知这个消息后，严肃地对女儿说："你这个时候去度假，不就是要当逃兵吗？你知道我最不喜欢你当逃兵。为了获得现在交易副经理这个职位，你作出了很大的努力，甚至牺牲了和家人共处的时间，现在，你为什么放弃晋升更高职位的这个机会？"

伊丽莎白答道："爸爸，我想我有我的苦衷，我担心工作太忙、太操心，还担心自己没有资格，而且我觉得力不从心，想要休息。"

洛克菲勒听到女儿的诉苦，语气变得柔和起来："伊尼，我觉得这不是退出竞争的有力理由。长期以来，你对时间管理已经很熟练了，你可以挑选一个能接受任务、并能完成工作的职员，你们进行合作，就能帮助你解决很多问题。"

伊丽莎白依旧辩解："我真的已经尽力了，真不知道自己能否胜任这个职位。"

洛克菲勒慢慢地和女儿说："在这个世界上，竞争一刻都不会停止，我们就没有休息的时候。我们所能做的，就是带上钢铁般的决心，走向纷至沓来的各种挑战和竞争，而且要情绪高昂并乐在其中，否则，就不会产生好的结果。"

伊丽莎白思考着父亲的话，她似乎被说服了。但是，怎么样迎接一场这么大的挑战呢？

洛克菲勒接着说："想要在竞争中取胜，勇气只是赢得胜利的一方面，还要有实力。我们要靠自己的双脚站起来，如果你的脚不够强壮，不能支持你，你不是放弃和认输，就是要努力去磨炼、强化、发展双脚，让它们发挥力量。"

英国著名作家萧伯纳曾经说过："对于害怕危险的人，所处世界上的一切总是有危险的。"

一次，一个人同一位准备远航的水手交谈。

他问："你父亲是怎么死的？"

"出海捕鱼，遇着风暴，死在海上。"

"你祖父呢？"

"也死在海上。"

"那么，你还去航海，不怕死在海上吗？"

水手反问："你父亲死在哪里？"

"死在床上。"

"你的祖父呢？"

"也死在床上。"

"那么，你每天睡在床上不感到害怕吗？"

这个故事言简意赅，富有哲理，反映出水手明知祖父、父亲都死在海上，却没有因为害怕再一次被大海吞噬的危险而改变自己的奋斗目标，仍然乐观地从事着自己的事业。

现在，新的、理想的生存方式就潜伏在平常的生存方式之中，只有具备探险的勇气才能发现它。那些具备风险意识、无所畏惧、勇于探索和尝试的人，才能克服一道道难关，锻炼和展现出自己的才华；如果只注意风险，就像上文中的故事那样，这个世界上就不会有一处让你感到安生的地方，就会处处有等待你的陷阱，处处有等待你的危机。唯有那些勇于追求、实现追求的人才能领略到人生的最高的喜悦和欢愉。

迈克·英泰尔是一个平凡的上班族，他37岁那年作出了一个疯狂的决定：他放弃薪水优厚的记者工作，把身上仅有的3块多美元捐给街角的流浪汉，只带了干净的内衣裤，从风景优美的加州，靠搭便车与一群陌生人横越美国。他的目的地是美国东岸北卡罗来纳州的"恐怖角"(Cape Fear)。

这是他精神快崩溃时做的一个仓促决定。某个午后他"忽然"哭了，因为他问了自己一个问题：如果有人通知我今天死期到了，我会后悔吗？答案竟是那么的肯定。虽然他有好工作、亲友、美丽的女友，他发现自己这辈子从来没有下过什么赌注，平顺的人生从没有高峰或谷底。

他为了自己懦弱的上半生而哭。一念之间，他选择北卡罗来纳的"恐怖角"作为最终目的，借以象征他征服生命中所有恐惧的决心。

他检讨自己，很诚实地为他的"恐惧"开出一张清单：在他很小的时候，他就怕保姆、怕邮差、怕鸟、怕猫、怕蛇、怕蝙蝠、怕黑暗、怕大海、怕飞、怕城市、怕荒野、怕热闹又怕孤独、怕失败又怕成功、怕精神崩溃……他无所不怕，却又似乎"英勇"地当了记者。

这个懦弱的37岁男人上路前竟还接到奶奶的纸条："你一定会在路上被人杀掉。"但他成功了，4000多里路，78顿饭，依赖82个好心的陌生人。

一路上，他没有接受过任何金钱的馈赠，在雷雨交加中睡在潮湿的睡袋里，也有几个像杀手或抢匪的家伙使他胆战心惊。他在游民之家靠打工换取住宿，还碰到不少患有精神疾病的好心人。他终于来到"恐怖角"，接到女友寄给他的提款卡(他看见那个包裹时，恨不得跳上柜台拥抱邮局职员)。他不是为了证明金钱无用，只是用这种正常人会觉得"无聊"的艰辛旅程来使自己面对所有恐惧。

"恐怖角"到了，但"恐怖角"并不恐怖。原来"恐怖角"这个名称，是一位16世纪的探险家取的，本来叫"Cape Faire"，被讹写为"Cape Fear"，这只是一个失误。

迈克·英泰尔终于明白："这名字的不当，就像我自己的恐惧一样。我现在明白自己为什么一直害怕做错事，我不是恐惧死亡，而是恐惧生命。"

花了6个星期的时间，到了一个和自己的想象无关的地方，他得到了什么？得到的不是目的，而是过程。虽然他决不会想要再来一次，但这次经历在他的回忆中是甜美的信心之旅，仿若人生。

放手一搏

机会在哪儿？机会就在你能否掌握自己的心态，能否过滤掉不当的情绪及思想。若你能很容易调整好你的心态，你就能达到任何你想要追求的目标。

德国哲学家康德说过："在人的心中有一种追求无限和永恒的倾向，这种倾向在理性中的最直观表现就是冒险。"

有一年的国际名酒博览会中，第一次展出了中国名酒——茅台酒。那时茅台酒虽然在中国享有盛名，但是在国际上却还是默默无闻。

展出的名酒都有着华丽精美的包装，茅台酒却因为没有好看的包装而乏人问津。

眼看展览会就要结束了，经过展示茅台摊位的来宾，却都是看一眼就匆匆地离开，负责展示的人员因为无法向上级交差，心里越来越急。

这时一位展示人员灵机一动，"失手"打破了一瓶茅台酒，顿时场内香气四溢，许多来宾闻香而来，不多时，摊位上就集聚了大批来客。

也因此，在这一次展览会中，展览的中国酒厂接到了大批的订单。从此，茅台酒在国际上就有了市场。

成功往往需要孤注一掷的勇气，有勇气的人才能享受成功带来的喜悦。至于如何趋利避害，以最小的投入换取最大的利益，则是个技巧问题。

遭受某种不幸或挫折，人们常常会认为是"命运不佳"或"命中注定"。有了这么一种消极的被动心态，可以想象这种人根本不会看得见机会的存在。

退一步海阔天空。突破尊严，突破控制与牵扯你的思绪，你就能回到自信，回到成功之路。茅台酒的成功推销，正是对不当情绪的摒弃，而用积极心态去放手一搏的成果。

冒险可以给你带来一些全新的体验、一些你所未知的领域的体验。可以说，冒险的体验正是你生活中进步和快乐的本源，因此对于未知的事物完全不必心怀恐惧，也不必费心做那种无谓的尝试，试图把生活中的方方面面都规划好。如果你想让你的生活丰富多彩的话，那么就让你的生活多一些意外，多一些弹性。事实上，无论是你的工作，还是你的生活，如果总是重复同一个内容，你又怎么能有新的收获呢？你应该清楚，生活并不是可以预先设计的，所以对于不可预知的未来，你没有必要担心惧怕，你应该具有敢为人先的冒险精神，打破你的规矩，突破你的闭锁，去体验冒险给你带来的快乐，就像龙虾和寄居蟹一样。

　　有一天，龙虾与寄居蟹在深海中相遇，寄居蟹看见龙虾正把自己的硬壳脱掉，露出娇嫩的身躯。寄居蟹非常紧张地说："龙虾，你怎么可以把唯一保护自己身躯的硬壳也放弃呢？难道你不怕有大鱼一口把你吃掉吗？以你现在的情况来看，连急流也会把你冲到岩石去，到时你不死才怪呢！"龙虾气定神闲地回答："谢谢你的关心，但是你不了解，我们龙虾每次成长，都必须先脱掉旧壳，才能生长出更坚固的外壳，现在面对的危险，只是为了将来发展得更好而作出的准备。"寄居蟹细心思量一下，自己整天只找可以避居的地方，而没有想过如何令自己成长得更强壮，整天在别人的庇护之下，难怪永远都没有自己的发展。

IBM在创立初期，公司就极其青睐和重用具有"野鸭精神"的人才。创始人沃森强调："对于提升那些我并不喜欢但却有真才的人，我从不犹豫……我所寻找的就是那些个性强烈、有点野性及直言不讳、似乎令人不愉快的人。如果你能在你的周围发掘许多这样的人，并能耐心地听取他们的意见，那你的工作就会处处顺利。"

大部分人习惯于做一些风险性比较小的工作，但是，往往风险的高低就意味着你所收获的多少。工作和生活永远是变化无穷的，我们每天都可能面临。假如你根本没有仔细想过去冒险，长期下来就会失去斗志，既然有想要成功的欲望，那就要有这样的勇气，敢于承担风险，因为冒险与收获常常是结伴而行的。风险和利润的大小是成正比的，巨大的风险能带来巨大的效益。险中有夷，危中有利。要想有卓越的成果，就要敢冒风险，冒险意味着离成功更近一步。我们无法预测未知的事物的结果，但不论结果如何，都该冒险。恐惧是面对未知时的正常反应，恐惧却依然需要冒险，这就是冒险的真谛。冒险者的心态就是：就算不能成功，至少尝试过了。但就是这种心态，

造就了他们的成功。不要害怕冒险，任何时候，如果有任何人
或事情想要把你击倒，你就顽强撑住，只要对自己有信心，有
放心一搏的决心，就采取行动，向前跨出一步。

敢于挑战

> 不管你所处的环境是多么恶劣，也不管你的担子是多
> 么重，你绝对有能力扭转，所做过的美梦终会有成真的一
> 天。然而如何才能实现呢？只要你敢于冒险，敢于挑战极
> 限，才能体验生命的壮观。

勇于走进某些禁区，你会采摘到丰硕的果实，打破条条框
框、勇为天下先的精神正是开拓者的风貌。通常，具有果敢精
神的个体，遇事总喜欢自己思考，自己动手，能够标新立异，
对传统的习惯、陈腐的观念采取怀疑和批判的态度。

世界上没有万无一失的事。无限风光在险峰！没有风险，
就不会有波澜壮阔的人生旅程，就不会有绚丽壮美的人生风
景。只有冒险，才能更好地拓展流光溢彩的人生！生命的历程

就是一次冒险的旅行，要成为弄潮的勇士，就要敢于挑战人生的波峰浪谷，就要有"不入虎穴，焉得虎子"的胆识和魄力。

敢想敢做，说得明了点，就是积极热情，就是良好心态的一种折射。当一个人缺乏生活的激情时，任何事都会对他产生很大的威胁，事事让他感到棘手、头痛，精力与热情也跟着低落，就像必须用双手推动一座顽强牢固的墙似的，费好大的劲儿才能完成某件事情。

反之，想了，做了，那么越投入工作，工作就会变得越可行，信心也跟着大增。因此，同样一件工作，在巅峰型者和非巅峰型者眼中，会呈现出不一样的情形。巅峰型者看见机会，非巅峰型者却只看见障碍。全力以赴的巅峰型者能看见事情的积极面及其有可为之处；不投入的非巅峰者却只看见难以克服的困阻，很快就气馁灰心。

天文学家厄曼诺·博拉就是这样一位敢于打破常规而不落窠臼的博士。从伽利略的第一个小望远镜到最新型的400英寸的凯克望远镜，在体积聚光能力方面发展得快，但它们的共同点是镜面都是用玻璃制成的。博拉博士在加拿大魁北克省拉瓦尔大学的实验室安装了一部完全新式的望远镜——其主镜是一个8英尺宽、装有液汞的浅池。这不是天方夜谭，这个目前还在不停地旋转的8英尺镜面，是由于旋转使液汞扩散开形成一个光滑的抛物面，甚至比打磨得最好的玻璃还光滑。液面太空望远镜非常适用于宇宙学研究。

博拉的成功，在于他敢于想前人所不敢想，做前人所不敢做。由于液体太空望远镜造价仅是同样规格尺寸玻璃镜面的八十分之一，而且可以打破尺寸的限制，已得到广泛的应用。

其实，不落窠臼，敢为天下先，虽然是成功的一条捷径，但它毕竟要经得住来自同行的冷嘲热讽。不落窠臼，期望在某个方面有新的突破，获得新的成功，难免对传统的观点、做法乃至过去行之有效的成功经验进行重新的思考和认识，并采取一些与众不同的方法、手段，就必然会招致一些冷嘲热讽。对付的办法就是：锁定目标，走自己的路，让别人说去吧！只有这样，突破与超越才有希望，也只有具有这种心态，成功与飞跃才会属于你。

中国资深传媒人士杨澜说过，万无一失意味着止步不前，那才是最大的危险。为了避险，才去冒险，避平庸无奇的险，值得。

1865年，美国南北战争宣告结束，北方工业资产阶级战胜了南方种植园主，但林肯总统被刺身亡。

全美国沉浸在欢乐与悲痛之中，既为统一美国的胜利而欢欣鼓舞，又因失去了一位可敬的总统而无限悲恸。

后来的美国钢铁巨头卡内基却看到了另一面。他预料到，战争结束之后，经济复苏必须降临，经济建设对于钢铁的需求量便会与日俱增。于是，他义无反顾地辞去铁路部门报酬优厚的工作，合并由他主持的两大钢铁公司——都市钢铁公司和独眼巨人钢铁公司，创立了联合制铁公司。同时，卡内基让弟弟汤姆创立匹兹堡火车头制造公司和经营苏必略铁矿。

上天赋予了卡内基绝好的机会。美国击败了墨西哥，夺取了加利福尼亚州，决定在那里建造一条铁路，同时，美国规划修建横贯大陆的铁路。在这种形势下，卡内基克服重重困难发展钢铁事业，还买下了他人与钢铁有关的专利。

但在1873年，经济大萧条的境况不期而至。银行倒闭，证券交易所关门，各地的铁路工程支付款突然被中断，现场施工戛然而止，铁矿山及煤山相继歇业，匹兹堡的炉火也熄灭了。

在最困难的情况下，卡内基却反常人之道，打算建造一座钢铁制造厂。他走进股东摩根的办公室，谈出了自己的新打算，寻求合作，因为他认定萧条的成本会比平日低一半左右，他要抓住这个良机。

　　结果，成本比他原先的预计便宜多了。这令卡内基兴奋不已。

　　1881年，卡内基与焦炭大王费里克达成协议，双方投资组建"F·C"佛里克焦炭公司，各持一半股份。同年，卡内基以他自己三家制造企业为主体，联合许多小焦炭公司，成立了卡内基公司。

　　卡内基兄弟的钢铁产量占全美钢铁总量的1/7，正逐步向垄断型企业迈进。

　　就这样，卡内基敢于反常人之想，敢于发现，也敢于利用逆境促成的良机，抓住了逆境特有的有利因素，走向了成功的事业之巅。

　　在现实生活中，许多人特别重视自己的位置和处境，特别重视工作的条件和待遇。这样想问题，那就无法面对现实，无法突破环境与条件的局限。如果一个人位置不当，处境不佳，只能用其短而不是用其长，那么他就会在长久的卑微和失意中沉沦。在这种情况下，一个人必须坚持自己精神的独立和顽强的追求，突破环境的局限，开辟自己的路。如果不能坚持走自己的路，那一个人即使在顺境中也会平庸无能，一事无成。

有魄力，才有机会

　　做事情讲究的就是粗中有细，既要有胆识，有魄力，还能把握事情的很多细节。而胆大妄为就是不顾事情的后果，或者是不理会应该遵守的法律、道德等。

　　事实上，是否有魄力是自己长期形成的性格和习惯所决定的，有人认为那些有魄力的人从小胆子就大，是天生的，而自己天生胆子就小。我们不否认这种性格因素的存在，可是，事情是没有绝对性的，而且，我们的性格一部分是来自于父母的遗传，而另外一部分则是通过后天培养的。所以，做事情优柔寡断的人可以有意地培养自己的这种能力，从每一件小事做起，锻炼自己的胆量和勇气，慢慢地就会有所突破。而且一个天生胆小的人和做事情是否有魄力是两回事，胆小经常是小孩子的行径，是因为对事物认识不全面，害怕某种特定的东西。对于成年人来说，不能对某种事情有种畏首畏尾的态度，只要认为正确，就放手去冒一次险。

所谓的魄力十足，就是指人们在面对问题时能够勇敢地接受，因为机会不会在你犹豫之时还为你停留，它看见你犹豫不决，就会去找另外的人。魄力还有一种说法就是敢作敢当，因为承担责任是需要勇气的，很多人不敢做某件对他有利的事，一部分原因是因为他害怕承担责任。能够在困难面前力排众议，果断地确定自己的目标，这就是魄力。我们还能经常看到，在多数人没有想到的某件事情上，或许大家认为难度比较大，或许大家认为做这件事情得不到什么收益的时候，就会有人站出来，用他的实际行动向大家证明了他的英明和魄力。

著名节目主持人杨澜是一个敢于冒险的人。她在事业处于最高峰时，毅然选择出国，这是一个很有魄力的选择。而事实证明她的冒险是成功的，她出国以后完全打开了另一片天地，杨澜在美国发展得很好，学习很出色。她毕业后，在美国有很好的媒体机构邀请她去工作，但她又一次作出一个有魄力的选择，那就是回国发展。这样一个睿智的女性，让我们看到魄力并不是男人的象征，而是一种敢于舍弃、又敢于追求的人生态度。

有时候，"魄力"一词给我们的印象就是胆大妄为，鲁莽或者是草率。冒险是带有褒义的，而胆大妄为却是贬义词，鲁莽、草率是中性词。我们做事情时，就像区别它们的字面意思一样，要避免因理解错误而造成一些不当之举。

现实中，我们周围有很多这样的人，他们不把别人的利益或生死看在眼里，他们也失去了自己的良心，去干一些损人利己的事情，然后，还会沾沾自喜，认为这就是魄力。魄力和胆大妄为的区别在于胆要大，但是不能妄为，不是胡作非为。

朱元璋小时候家境贫寒，但他有常人没有的魄力和胆识。一天，朱元璋和伙伴们在山坡上给地主放牛，晌午时分，大家都已经很饿了。但是，由于还没到下午，谁也不敢提前回村。

大家议论纷纷，有的人说地主家整天鱼肉满桌，他们却连肚子都填不饱；有的说地主不放牛却有肉吃，他们整天放牛却没有肉吃。大家正为了肚子饿发愁，朱元璋突然站起来，对伙伴们大声说："眼前就有现成的肉，我们不如宰一头小牛吃。"

别的孩子一看有人做主，也就随和着。在朱元璋的指挥下，一头小牛就被他们烤了吃个精光。吃完了，问题来了，回去怎么交代呢？这时，朱元璋又出了个主意，他叫大家把牛的皮骨埋了，把血迹也清理干净，然后把牛尾巴插在石头缝里。

放牛回去后，朱元璋主动去告诉地主，说小牛陷到石缝里去了，只剩下尾巴露在外面拔不出来。这样的谎言地主怎么会相信，朱元璋挨了一顿毒打，被赶了回家。

小小孩童，就比别人多了几分勇气和魄力，虽然是一些孩童趣事，但他的这种性格也为他以后成就伟业埋下伏笔。

1929年10月，美国经济大崩溃，华尔街股票暴跌，而这时，小洛克菲勒却作出了一个决定，建立洛克菲勒中心大厦。一个集娱乐场所和商业经营为一体的庞大建筑群，一个纽约市新的中心地带，可为全美国的商业建筑提供榜样的标准。

然而，在当时的情形下，对于这位世界上最大的一笔财产的继承人来说，建造这座大厦同样存在困难。大厦建造费约1.2亿美元，其中4500万美元是小洛克菲勒私人担保向保险公司举借的贷款，其余的资金全是他自己筹借的，小洛克菲勒甘愿冒一次险。

当时的美国，建造这么一个庞大的工程，还是第一次作为一个整体群来设计和兴建多幢摩天大楼，这是一项非常富有挑

战性的事情。作为慈善家和商人双重身份的小洛克菲勒并没有
退缩，说干就干。而他的一系列举动也被一些经济学家批评，
嘲笑之为"洛克菲勒蠢事"。

　　小洛克菲勒对于这些充耳不闻，在大厦的营造期间，股票
市场还在继续下跌，他丝毫没有产生动摇。当雷蒙德·福斯迪
克问到他时，他说："我不知道是不是勇气，一个人往往进入
只有一件事可做的局面，并无选择的余地。他想逃，可是无路
可逃。因此，他只有顺着眼前唯一的道路朝前走，而人们称他
为勇气。"

　　洛克菲勒大厦落成时，他已经65岁了。可是，这不仅代表
了小洛克菲勒一生最辉煌的成就，他还为他的家族增添了绚丽
和神话。

学会自立自强

世上没有比自立更有价值的东西了。如果你试图不断地从别人那里获得帮助，你就难以保有自立、自强。如果你决定依靠自己，独立自主，你就会变得日益坚强。

我们应时刻牢记一条重要准则：人们根本不应当同情那种"狗咬狗"的竞争，而应加强那些其中无人落在最后的真诚的竞争。这是竞争的基石。

美国著名作家爱默生说："坐在舒适软垫上的人容易睡去。"

总是待在家里，不敢走出去的人是可悲的，也注定终将一事无成。总是幻想着得到父母帮助的孩子一般都没有太大的出息，他们依靠父母的拐杖走路，失去了自己决定命运的权利。

依靠拐杖走路，尤其是依靠别人的拐杖走路，是很多人的一种"懒惰心理"。对于成功者而言，他们的习惯是，扔掉别人的拐杖，独自走自己的路。

抛开拐杖，自立自强，这是所有成功者的做法。我们要明白：只有抛弃身边的每一根拐杖，破釜沉舟，依靠自己，才能赢得最后的胜利。其实，当一个人感到所有外部的帮助都已被切断之后，他就会尽最大的努力，以最坚韧不拔的毅力去奋斗，从而激发身体内无限的潜能。而结果，他会发现：其实自己的命运完全可以由自己来决定。

人，要靠自己活着，而且必须靠自己活着，任何除自己之外的人都不能保证自己的一切。在人生的不同阶段，都应竭尽全力达到理应达到的自立水平，拥有与之相适应的自立精神。这是当代人立足社会的基础，一个缺乏独立自主个性和自立能力的人，连自己都照顾不了，还能谈发展或成功吗？即使你的家庭环境所提供的"先赋地位"是在天堂里，你也必得先降到凡尘犬地，从头爬起，以平生之力练就自立自行的能力。因为不管怎样，你终将独自步入社会，参与竞争，你会遭遇到比学习生产要复杂得多的生存环境，随时都可能出现或面对你无法预见的难题与处境，而自立在此时就显得尤为重要。

　　被迫完全依靠自己、绝没有任何外部援助的处境是最有意义的，它能激发出一个人身上最重要的东西，让人全力以赴，就像十万火急的关头能激发出当事人做梦都没想到过的一股力量。一旦人不再需要别人的援助，自强自立起来，他就踏上了成功之路。一旦人抛弃所有外来的帮助，他就能发挥出过去从未意识到的力量。如果我们决定依靠自己，独立自主，那么我们就会变得日益坚强，距离成功也就越来越近。

　　有位科学家曾经做过这样一个实验，目的是研究自立的重要性。他将两只老鼠分别放在水中，却得到了不同的结果。

　　他先把一只老鼠紧紧地握在手中，老鼠使出浑身的解数，但最终仍然没有能逃脱。经过一段时间的挣扎，老鼠已明白所有的努力都只是白费力气，因此它放弃了。当把它放到一盆温水中时它立刻就沉下去了，根本没有试图逃生的意图。

　　科学家又把第二只老鼠不握在手中，直接放到水里，它很快就逃到了安全地带。显然，第一只老鼠已被挫折、失败击垮了，精神的防线也彻底崩溃了。它跳不出温水的沉痛教训是经不住千锤百炼。推而广之，我们人类又何尝不是一样呢？

　　依靠他人，觉得总是会有人为我们解决那些棘手的事，所以不必努力，这种想法对发挥自主自立和艰苦奋斗精神是致命的障碍。

　　你有没有想过，你认识的人中有多少人只是在等待？其中很多人不知道等的是什么，但他们在等某些东西。他们隐约觉得，会有什么东西降临，会有些好运气。或者会有什么机会发生，或是会有某个人帮助他们。这样，他们就可以在没受过教育，没有充分准备和资金的情况下为自己获得一个开端，或者继续前进。

　　有些人在等着从父亲、富有的叔叔或是某个远亲那里弄到钱。有些人是在等着那个被称为"运气""发迹"的神秘东西来帮他们一把。

　　我们从没听说某个习惯等候帮助、等着别人拉扯一把、等着别人的钱财，或是等着运气降临的人能够真正成就大事。

　　一旦你不再需要别人的援助，自强自立起来，你就踏上了成功之路。一旦你抛弃所有外来的帮助，你就会发挥出过去从未意识到的力量。

第五章

不断超越自我

消极信念使人产生无力感

> 永远也不要消极地认定什么事情是不可能的，首先你
> 要认为你能，再去尝试、再尝试，最后你就发现你确实能。

　　每个人在一生中都有一门重要的学问要学，那就是怎样去面对"失败"，处理得好坏往往就决定了一生的命运。要记住安东尼·罗宾的这句话："面对人生逆境或困境时所持的信念，远比任何事都来得重要。"有些人在历经了一些挫折失败后便开始消沉，认为不管做什么事都不会成功，这种消极的信念蔓延开来让他觉得无力、无望，甚至于无用。如果你要想成功、要想追求所期望的美梦，就千万不可有这样的信念，因为他会扼杀你的潜能，毁掉你的希望。

马尔比·D·马布科克说："最常见同时也是代价最高昂的一个错误，是认为成功有赖于某种天才、某种魔力、某些我们不具备的东西。"可是成功的要素其实掌握在我们自己的手中。成功是积极心态促使下的结果，一个人能飞多高，并非由人的其他因素决定，而是由他自己的心态所制约。

拿破仑·希尔年轻的时候，抱着一个当作家的雄心。要达到这个目标，他知道自己必须精于遣词造句，字词将是他的工具。但由于他小时候家里很穷，所接受的教育并不完整，因此，"善意的朋友"就告诉他，说他的雄心是"不可能"实现的。年轻的希尔存钱买了一本最好的、最完全的、最漂亮的字典，他所需要的字都在这本字典里面，而他的信念是完全了解和掌握这些字。但是他做了一件奇特的事：他找到"不可能(impossible)"这个词，用小剪刀把它剪下来，然后丢掉，于是他有了一本没有"不可能"的字典。以后他把他整个的事业建立在这个前提下——那就是对一个要成长而且要成长得超过别人的人来说，没有任何事情是不可能的。

你要从你的心中把这个观念铲除掉。谈话中不提它，想法中排除它，态度中去掉它、抛弃它，不再为它提供理由，不再为它寻找借口，把这个字和这个观念永远地抛弃，而用光辉灿烂的"可能"来替代它。

汤姆·邓普生下来的时候，只有半只脚和一只畸形的右手。父母从来不让他因为自己的残疾而感到不安。结果是任何男孩能做的事他也能做。如果童子军团行军10里，汤姆也同样走完10里。

后来他要踢橄榄球，他发现，他能把球踢得比任何在一起玩的男孩子远。他要人为他专门设计一只鞋子，参加了踢球测验，并且得到了冲锋队的一份合约。但是教练却尽量婉转地告诉他，说他"不具有做职业橄榄球员的条件"，请他去试试其他的事业。最后，他申请加入新奥尔良圣徒球队，并且请求给他一次机会。教练虽然心存怀疑，但是看到这个男孩这么自信，对他有了好感，因此就收了他。

两个星期之后，教练对他的好感更深，因为他在一次友谊赛中踢出55码远的得分。这种情形使他获得了专为圣徒队踢球的工作，而且在那一季中为他的球队获得了99分。然后到了最伟大的时刻，球场上坐了6.6万名球迷。球是在28码线上，比赛只剩下了几秒钟，球队把球推进到45码线上，但是根本就可以说没有时间了。"邓普西进场踢球。"教练大声说。当汤姆进场的时候，他知道他的队距离得分线有55码远，由巴第摩尔雄马队毕特·瑞奇踢出来的。球传接得很好，邓普西一脚全力踢在球身上，球笔直地前进。但是踢得够远吗？6.6万名球迷屏住气观看，接着终端得分线上的裁判举起了双手，表示得了3分，球在球门根竿之上几英寸的地方越过，汤姆一队以19比17获胜。球迷狂呼乱叫为踢得最远的一球而兴奋，这是只有半只脚和一只畸形的手的球员踢出来的！

"真是难以相信。"有人大声叫，但是邓普西只是微笑。他想起他的父母，他们一直告诉他的是他能做什么，而不是他不能做什么。他之所以创造出这么了不起的纪录，正如他自己说的："他们从来没有告诉我，我有什么不能做的。"

精神极度沮丧的时候，保持理智和乐观是很难的，但就是这样，才能真正显示我们究竟是怎样的人。什么时候最能显示一个人的真实才干呢？当他事事不顺遭人鄙弃，而仍能坚持的时候！

在美国有位值晚班的人，总是在下班后徒步回家。有天晚上，月色皎洁，他改走一条穿过墓地的捷径，由于一路平安顺利，他以后就天天走这条路回家。有一天晚上，当他穿过墓地时，没有留意到白天已有人在这条路上挖了一个墓穴，一脚正踩个正着，跌了进去。他费尽所有力气，想要爬出去，却徒劳无功。因此，没过多久，他就决定好好休息，等到天明时有人来救他出去。

当他坐在角落半梦半醒之际，有名醉汉跌跌撞撞地走来，一不小心也掉入墓穴。那名醉汉拼命地想爬出去，结果吵醒了那位值夜班的人。他伸手碰碰醉汉的脚说："老兄，你出不去的。"但醉汉后来还是爬出去了。

这就是不同的信念，在一个醉汉和正常人之间所造成的差别。

像值夜班的人这样具有摧毁性的信念在心理学上是这种称呼：无用意识，这是指一个人在某方面失败的次数太多，便自暴自弃地认为是个无用的人，从此便停止任何的尝试。

我们必须面对这样一个事实，在这个世界上成功卓越者少，失败平庸者多，成功卓越者活得充实、自在、潇洒，失败平庸者过得空虚、艰难、猥琐。

为什么会这样？

　　仔细观察，比较一下成功者与失败者的心态，尤其是关键时候的心态，我们就会发现心态导致人生惊人的不同。

　　在推销员中，广泛流传着一个这样的故事：

　　两个欧洲人到非洲去推销皮鞋，由于炎热的非洲人向来都是打赤脚。第一个推销员看到非洲人都打赤脚，立刻失望起来："这些人都打赤脚，怎么会要我的鞋呢。"于是放弃努力，失败沮丧而回；另一个推销员看到非洲人都打赤脚，惊喜万分："这些人都没有皮鞋穿，这皮鞋市场大得很呢。"于是想方设法，引导非洲人购买皮鞋，最后发大财而回。

　　这就是一念之差导致的天壤之别。同样是非洲市场，同样面对打赤脚的非洲人，由于一念之差，一个人灰心失望，不战而败；而另一个人满怀信心，大获全胜。

　　有些人总喜欢说，他们现在的境况是别人造成的，环境决定了他们的人生位置，这些人常说他们的想法无法改变。但是，我们的境况不是周围环境造成的。说到底，如何看待人生，由我们自己决定。纳粹德国某集中营的一位幸存者维克托·弗兰克尔说过："在任何特定的环境中，人们还有一种最后的自由，就是选择自己的态度。"

　　塞尔玛陪伴丈夫驻扎在一个沙漠的陆军基地里。她丈夫奉命到沙漠里去演习，她一个人留在陆军的小铁皮房子里，天气热得受不了，在仙人掌的阴影下也有华氏125度。她没有人可谈天，只有墨西哥人和印第安人，而他们不会说英语。她非常难过，于是就写信给父母，说要丢开一切回家去。她父亲的回信只有两行，这两行字却永远留在了她心中，完全改变了她的生活：两个人从牢中的铁窗望出去，一个看到泥土，一个却看到了星星。

　　塞尔玛一再读这封信，觉得非常惭愧，她决定要在沙漠中找到星星。塞尔玛开始和当地人交朋友，他们的反应使她非常惊奇，她对他们的纺织、陶器表示兴趣，他们就把最喜欢但舍不得卖给观光客人的纺织品和陶器送给了她。塞尔玛研究那些引人入迷的仙人掌和各种沙漠植物、动物，又学习有关土拨鼠的知识。她观看沙漠日落，还寻找海螺壳，这些海螺壳是几万年前，这沙漠还是海洋时留下来的，原来难以忍受的环境变成了令人兴奋、流连忘返的奇景。

　　是什么使这位女士内心有这么大的转变？

　　沙漠没有改变，印第安人也没有改变，但是这位女士的念头改变了，心态改变了。念头之差使她把原先认为恶劣的情况变为一生中最有意义的冒险。她为发现新世界而兴奋不已，并为此写了一本书，以《快乐的城堡》为书名出版了。她从自己造的牢房里看出去，终于看到了星星。

生活中，失败平庸者大多是心态观念有问题。遇到困难他们只是挑选容易的倒退之路。"我不行了，我还是退缩吧。"结果陷入失败的深渊。成功者遇到困难，仍然是积极的心态，用"我要、我能""一定有办法"等积极的意念鼓励自己，于是便能想尽办法，不断前进，直至成功。爱迪生试验失败几千次，从不退缩，最终成功地创造了照亮世界的电灯。

宾州大学的马丁·塞利格曼教授就曾对这种现象作过深入的研究，在他所著的那本《乐观意识》一书中就指出，有三种特别模式的信念会造成人们无力感，最终便毁了自己的一生。这三种信念是永远长存、无所不在，以及问题在我。

（1）永远长存

有许多人之所以能无视于横亘在眼前的巨大困难或障碍而做出伟大的成就，乃是他们相信那些困难或障碍不会"永远长存"，不像那些轻易就放弃的人，把即使是小小的困难都看得像永远挥之不去的事。

当一个人相信困难会永远长存时，那就犹如在他的神经

系统中注入了致命的毒药，你别指望他会拿出任何力求改变的
行动。同样，如果你听到别人跟你说这个困难会没完没了的话
时，可千万别轻信，最好离他远一点儿。不管人生中遇到什么
不顺的事，你一定要记住："这件事迟早是会过去的。"只要
你能坚持下去，必会有云散天开见月明的一刻。

（2）无所不在

人生中的赢家与输家、乐观者与悲观者的第二个差别在于
是否相信困难的"无所不在"。乐观的人从不相信人生处处都是
困难。因而，不会单为一个困难便把自己绊住，反而把困难视为
是一种挑战。相对于那些悲观的人，只因在某一方面失败，便死
心眼地相信在其他方面也会失败，结果就真的如他所想的那样在
金钱方面、家庭方面、工作方面，乃至人际关系方面都出现了问
题，他们既无力管好自己的信念，当然对其他的事情也就无能为
力。相信困难"永远长存"且"无所不在"是很伤人的，所以当
你碰到困难时，一定要确信自己能找出解决之道，并且立刻拿出
相应的行动，就必然能很快地消除这些消极的信念。

（3）问题在我

塞利格曼教授所指的第三个不当的信念就是"问题在
我"，这个意思乃是认为自己才是问题的所在。如果你不幸失

败了，不但不把它视为是调整行动的好机会，反认为是自己能力的不足，那么很快地，你就会没劲儿再做下去。

　　请问你到底要怎么去改变自己的人生？那不是比单单改变行动来得更困难吗？千万别把一切的问题都怪责到自己头上，毕竟一味地打击自己并不能使你振作，不是吗？若你一直死抱着这些不当的信念，那就犹如长年累月地服食少量砒霜，你的人生可说已经完了。也许你不会马上完蛋，可是只要不丢掉这些信念，那就注定不会有好的结局，因此你要竭力抛掉它们。请注意，只要你有了某种信念，它就会自动引导你的脑子去过滤掉一切跟它相反的信息，只接纳能跟它相容的信息。

如何改变旧有信念

　　在成功者的眼里，失败不只是暂时的挫折，失败更是
一次次丰富阅历、总结经验的机会。

　　一切个人的突破都始于信念的改变，然而我们要怎样改变
旧有的信念呢？最有效的办法便是让脑子去想到旧信念所带来
的莫大痛苦，你必须打心底认识到这个旧信念不仅在过去及现
在都带给你痛苦，并且也确信未来仍然会带给你痛苦；在此同
时，你要想到所换成的新信念能带给你无比的快乐和活力。这
个训练是最基本的，在日常生活中你要不断反复去练习，日久
便自然能看到它的成效。

　　挫折作为一种情绪状态和一种个人体验，各人的耐受性

是大不相同的。有的人经历了一次次挫折，能够坚韧不拔，百折不挠；有的人稍遇挫折便意志消沉，一蹶不振，甚至痛不欲生。有的人在生活中受多大的挫折都能忍耐，但不能忍受事业上的失败；有的人可以忍受工作上的挫折，却不能经受生活中的不幸。

把一只跳蚤放在一个玻璃罩里，然后让跳蚤自由跳动，你会发现跳蚤第一次起跳就碰到了玻璃罩。连续几次之后，跳蚤调整了自己能够跳起的高度来适应新的环境，此后每次跳起的高度总保持在罩顶以下。当你逐渐降低玻璃罩的高度，跳蚤在经过数次碰壁之后主动调整了高度。最后，玻璃罩接近桌面，跳蚤无法再跳了，只好在桌子上爬行。这时候，如果你把玻璃罩拿走，再拍桌子，跳蚤仍然不会跳跃，"跳蚤"变成"爬虫"了。为什么呢？不是因为跳蚤丧失了跳跃能力，而是遭受挫折以后，变得心灰意懒。最为可悲的是，虽然玻璃罩已经不存在了，跳蚤却连"再试一次"的勇气也没有了。玻璃罩的限制已经深深地刻在它那有限的潜意识里，反映在它的心灵上……不是没有跳高的能力，而是没有跳高的勇气！

其实，当一个人身处顺境时，尤其是在春风得意时，一般很难看到自身的不足和弱点。唯有当他遇到挫折后，才会反省自身，弄清自己的弱点和不足，以及自己的理想、需要同现实的距离，这就为其克服自身的弱点和不足、调整自己的理想和需要提供了最基本的条件。因此，挫折是人生的催熟剂，经历挫折、忍受挫折是人生修养的一门必修课程。虽说一个人经受一些挫折有一定的好处，可以锻炼人的意志，培养在逆境中经受挫折失败后再接再厉的精神，但不断地让人经受挫折，经常陷于挫折之中也是不可取的。如是这样，则对一个人的压力太大，会使其人格发生根本性变化，从而变得冷漠、孤独、自卑，甚至执拗。

曾有人做过实验，将一只最凶猛的鲨鱼和一群热带鱼放在同一个池子，然后用强化玻璃隔开。开始的时候，鲨鱼每天不断冲撞那块看不到的玻璃，只是徒劳，它始终不能过到对面去，而实验人员每天都放一些鲫鱼在池子里。所以，鲨鱼也没缺少猎物，只是它仍想到对面去，想尝试那美丽的滋味，每天仍是不断地冲撞那块玻璃，它试了每个角落，每次都是用尽全力，但每次也总是弄得伤痕累累，有好几次都浑身破裂出血。

持续了一些日子，每当玻璃一出现裂痕，实验人员马上加上一块更厚的玻璃。后来，鲨鱼不再冲撞那块玻璃了，对那些斑斓的热带鱼也不再好奇，好像它们只是墙上会动的壁画，它开始等着每天固定会出现的鲫鱼，然后用它敏捷的本能进行狩猎，好像回到海中不可一世的凶狠霸气。但这一切只不过是假象罢了，实验到了最后的阶段，实验人员将玻璃取走，但鲨鱼却没有反应，每天仍是在固定的区域游着，它不但对那些热带鱼视若无睹，甚至于当那些鲫鱼逃到那边去，它就立刻放弃追逐，说什么也不愿再过去。实验结束了，实验人员讥笑它是海里最懦弱的鱼。可是曾经失败的人都知道为什么，它怕痛。

对于年轻人来说，不管现在他多么贫穷或者多么笨拙，只要他有着积极进取的心态和更上一层楼的决心，我们就不应该对他失去信心。对于一个渴望着在这个世界上立身扬名、成就一番事业的人来说，任何东西都不是他前进的障碍；不管他所处的环境是多么恶劣，也不管他面临艰难险阻，他总是能通过内心的力量驱动自己，脱颖而出，勇往直前。

一件事情能不能做好，并不取决于你的能力，而取决于你的态度。

把"不可能"变成"可能"。

　　威尔伯·莱特和奥维尔·莱特，科学史上称他们为"莱特兄弟"，是美国飞机发明家。

　　莱特兄弟出生于美国俄亥俄州的达顿市一位牧师家庭。一次，他们从做木工的爷爷那儿拿了些碎木块当积木玩。这时，妈妈来了。"啊，妈妈，这积木怎么摆啊？您快教我们……"

　　妈妈没有伸手，她温和地说："是啊，怎么摆好呢？自己想想看。要是好好动脑筋，你们能摆出了不起的样式呢。"说着，就在一旁看孩子们怎么摆法。一会儿，兄弟俩叫了起来："成了，妈妈您看，我垒得多高哇！""我垒的这个才是漂亮的房子呢！"

　　妈妈看着兄弟俩的成绩，鼓励地说："两个人垒得都很好。这回你们俩合在一起，想出更好的样子。"

　　一次，他们扛着自己制作的爬犁到铺满厚厚积雪的山冈上参加爬犁比赛。大家都嘲笑他们制作的爬犁样子古怪。别人都是坐着滑行，而这两兄弟则是趴在爬犁上。"预备，开始！"口令一发，几个爬犁一起从山冈上滑下来。莱特兄弟的爬犁由于体积轻、阻力小，很快冲在最前面，第一个到达终点。

　　1878年，威尔伯11岁，奥维尔7岁。他们的父亲从外地给他俩带来了一件礼物——一只名叫"飞螺旋"的玩具。这个奇形怪状东西的顶部有一副螺旋桨，中间挂着橡皮筋。转紧橡皮筋，带动螺旋桨转动，飞螺旋就会飞起来。这件玩具使莱特兄弟入了迷。"为什么飞螺旋能飞起来呢？""把它放大了，我们人坐上去能飞起来吗？"他们的小脑袋里，浮现出许多新奇的想法。他们真想长大以后做架大飞机，飞上天空。可是，那时的人们认为，人是没办法飞上天空的。

　　1883年，莱特家搬到了里奇蒙城。这里的孩子喜欢放风筝，莱特兄弟不久也成了风筝迷。他们的风筝越做越好。每次和小朋友比赛，兄弟俩的风筝总是比别人的风筝飞得高。小朋友们非常羡慕，请莱特兄弟制作风筝卖给他们。兄弟俩一下成了"小专家"。

　　莱特兄弟常常躺在草地上，观看着天上翱翔着的老鹰。他们真羡慕老鹰，它们多么自由、惬意呀！如果人类也能长上翅膀，在蓝天中自由地飞翔，那多幸福！

　　当时，连他们自己也没有想到，人类的千年梦幻，将会在他们手中变为现实。

　　无论在什么样的环境下，我们的头脑中都会不停地闪现出许多想法和念头。如果我们能好好运用这些想法，认真思索一下其内容，有些奇思妙想说不定也能帮助我们化解困难，成为一条条走出逆境的成功计策。只要有把"不可能"变成"可能"的信心和想法，就能让梦想成真。

　　我们所做的每一件事，不是为了避开痛苦，就是为了得到快乐，只要我们把任何信念跟足够的痛苦联想在一起，那么便能很容易地改变这个信念。

　　我们之所以对某些事会抱持坚贞不渝的信念，唯一的理由是不相信它会带来痛苦。

　　那么，究竟怎样改变旧有信念呢？本书提供了以下建议供大家参考。

　　（1）怀疑旧有信念

　　如果你不怕丢脸，请问你是不是似前拼死地相信某些信念，而现在想起来倒觉得可笑？会有这样的改变是不是因为你有了新的依据，还是你终于发现先前的信念其实是行不通的？不过新的依据也不见得必然会使我们改变旧有的信念，往往我们会发现所得到的依据跟旧有的信念相互矛盾，可是我们总会自圆其说地给自己找理由来支持这个信念。

　　当我们对信念开始产生怀疑，对其不再有充分的把握时，那就犹如在撼动我们所认识的那张桌子的桌腿。

　　你可曾怀疑过自己做某件事的能力吗？你是怎么想的？很可能是你自问了这样的问题："如果行不通怎么办"，或"如果我做不来怎么办"。很明显，问题问得好像具有很大的力量，如果你把它用来质疑自己的信念，很可能会发现原来是糊里糊涂相信的。

　　事实上，我们有许多信念都是来自于他人，只是当时没有好好探究。如果我们能重新去认识，就会发现有些信念其实根本没有道理，而自己却人云亦云地相信了那么多年。

　　若你曾使用过英文打字机或电脑，就必然会对前面所举的这个例子恍然大悟。何以你会认为全世界99％的传统键盘其字母键、数字键及符号键都是相同的排列方式？你应该知道"Qwerty"这六个英文字母键是在键盘的左上方，它们之所以这么排列是不是因为打起字来最有效率、速度可以最快？大部分的人从来都没想过这个问题，直觉就认为应该是如此，毕竟英文打字机问世已久，事实上这种排列方式是最没有效率的了。像"Qwerty"这种改良型键盘就证明远比传统排列方式的键盘更能减少错误，速度也加快甚多。其实像"Qwerty"的排列方式只会减慢打字的速度，特别是当打得很快时常常会使字模卡在一起，因而降低了打字的效率。

　　何以我们会坚持"Qwerty"的排列方式如此之久呢？在1882年时人们打字仍然采用左右食指边找边打的方式，可是当时有位女士发明出敲打键盘的方式，因而便参加打字比赛接受别人的挑战。为了赢得胜利，她雇用了一位专业的打字员，并且要他牢记每个键的相对位置。比赛当天这套方法果然奏效，打败了群雄而赢得第一。从此，它便成为追求"打字速度"的标准，没有人质疑它是否真符合效率的要求。在日常生活中，你有多少个信念曾好好思考过它的出处？你所认定的一定对吗？很可能在这些信念中就有几个正是阻碍了你更上一层楼的原因，而你根本还不知道呢！如果你对任何事物不断地提出问题，没多久就会开始对它产生怀疑，这包括那些你深信不疑的事物。我们的信念按其相信的程度可分为几个等级，清楚知道它们的等级十分重要，给它们分成的等级是，游移的、肯定的，以及强烈的。

　　游移的信念乃是指其十分不稳定，即使相信也往往只是一时性的，很容易便会倒向。在我们桌子的比喻里，这种信念所构成的桌腿甚不牢靠，常常是摇摇晃晃的。

　　至于肯定的信念在哪张桌子的比喻里乃是有更大范围的支撑，特别是对既有的依据有较高程度的相信，因为它使相信的人更有把握。前面我们说过，这些依据可以是各个方面的，近可取自亲身经验，远可取诸其他来源，即使是个人凭空想象出来的也行。具有这样信念的人因为对所相信的都很有把握，所以不太能够接受新的依据。可是你若能赢得他的信任，就有可能改变他排斥新依据的可能。一开始，他会对所相信的产生些动摇，当疑惑越来越大时就会松动旧有的信念，而在心里就可能挪出接纳新依据的空间了。

　　（2）痛苦是改变信念最有效的工具

　　安东尼·罗宾指出，痛苦的确是改变信念最有力的工具。

　　在莎莉·拉菲尔最近一次的电视座谈会中便有过这样的一个例子，证明了痛苦确有能使信念改变的力量。在节目现场中，有一位女士勇敢地在观众面前声明脱离三K党。而在一个月前她也曾出席这个节目，当时插播了一小段影片，是三K党妇女召开大会的情形，而这位女士亦在其中。在影片里这些妇女激烈抨击所有跟她们没有相同种族观的人，叫嚣着就是因为种族混杂——不管是教育上、经济上或社会上——才造成美国国力与人民素质的低落。为何她的信念会有如此180°的大转变？有两点：

第一，在前一次节目的观众席里有一位少妇站出来，哭着要求那位女士应该学习种族之间的彼此了解，因为她的先生和孩子都是西班牙裔，她不敢相信美国竟然存有对种族如此仇视的群体。

第二，那位女士在返家的飞机上便数落儿子。因为当天他也一道上了节目，并且提出和他母亲不同的观点，让那位女士觉得在全国观众面前很失面子。由于那位女士骂得太过火，气得儿子半途便下了飞机，并且向他母亲说了永远不再回家的气话。当那位女士到家之后，回想起白天在节目中有位现场观众向她说的这句话："此刻正有一些皮肤有颜色的美国军人在波斯湾前线作战，他们不仅是为美国，也是为你。"她又想起飞机上和儿子的争执，事实上她真爱这个儿子，只为了种族的肤色，竟然会口不择言地把孩子给骂跑了。这让她觉得十分后悔，为什么自己会有这么激进的想法呢？她得立即改变想法才是。

因而，她第二次上那个电视讲座，当场向所有观众承认自

己对种族的看法极为偏狭，并且宣布从此退出三K党，日后她
会平等地对待各个种族，视他们犹如自己的兄弟姐妹。

　　人生中有件重要的大事，那就是你得不时检讨自己所持的
信念，是不是能时时激励你奋发努力，勇敢地面对生命中各种
艰难而不懈？如果你想知道哪些信念拥有这样的能力，不妨去
请教那些有成就的人，向他们学习成功的奥秘。

　　（3）效法人生赢家的信念

　　要想拓展你的人生，有一个很好的方法，那就是去向那
些已经有成就的人学习。这种方法很有效并且很有意思，在生
活中不乏这样的人。有一本名叫《与成功有约》的书，作者运
用了其中的一些法则因而得有今日。这些法则是作者醉心探索
每位成功者所独有的价值体系、信念和成功的经验所总结出来
的。在本书中所提到的许许多多道理并非某人独创，而是从各
行各业中的佼佼者那里学到的。他们在人生路上已经留下了成
功的脚印，我们只要顺着走便可收到事半功倍之效。所以，希
望在每天的生活中你要好好注意周围每一个人，向他们学习能
使你迈向成功的秘诀。

　　大哲学家叔本华曾经说过，一切真理都会经历下面三个阶
段，才会为世人接受。第一阶段，觉得可笑而不加理会；第二阶

段，视为邪说而强烈抗拒；第三阶段，不假思索而欣然接受。

在消费者的心里就有一些错误的观念，结果给美国的企业界造成不小的灾难，连带着影响了美国的经济。

在1991年3月份的富比士杂志上曾刊出一篇很有意思的文章，报道了三菱汽车公司"Eclipse型" 房车的销售量是克莱斯勒汽车公司"Laser型"房车的8倍以上。或许你会说："那有什么奇怪，日本汽车早已把美国汽车打得落花流水。"可是你知道吗，这两款汽车其实根本就是这两家公司技术合作所生产的车种，所不同的是两家公司在销售上分别用不同的名字。或许你会不解地问："为什么要这么做呢？"根据调查显示，消费者之所以愿意买日本车乃是因为比较相信日本车的质量，上面这篇文章所说人们买"Laser车型"远低于买"Eclipse型"，可见他们的信念偏执得厉害，事实上这两种车型的质量根本就是一样。

为什么消费者会这么想呢？很明显是因为日本车早以闯出高品质的好"名声"。从许多例子中便可以证明言之不虚，长久以来消费者已经到了根本用不着怀疑的程度。日本人之所以对品质会做到如此用心的地步，相信各位一定想不到这竟然是一位美国"出口"的品管大师戴明的功劳。

1950年时，戴明应联军驻日统帅麦克阿瑟的邀请前去协助

重振日本的经济。当时他对日本的工业前景没有一点儿信心，因
为战争对日本所造成的破坏，使得连打通完整的电话都不容易。
就在日本科学家及工程师联盟的恳请下，戴明开始着手训练日本
企业推动"全面品质管制"这套法则，今天日本每一家成功且有
规模的跨国企业能有此成就，可以说全是这套法则之功。

　　这套法则共有十四条，其出处是基于这个信念：要想使自己
的产品横扫全世界的市场，企业"品质永不休止地改善"的精神
融入企业经营的理念之中，一时一刻都不能偏离。他向日本企业
保证，如果能执行他所教的这套法则，不出5年就能生产出合乎
品质的产品，10到20年之间便可成为世界一等的经济强国。

　　当时有不少人认为戴明是在说大话，可是日本人却一一遵
从。今天日本能有如此的经济成就，可谓全是戴明指导之功，
无怪乎他被日本人尊之为"日本奇迹之父"。事实上，自1950
年以来，日本全国每年便会选出在品质提升上表现杰出的企
业，并颁赠"全国戴明奖"，整个颁奖过程都由电视直播，告
诉全日本哪些产品、服务、管理和员工教育是最杰出的。

　　1983年，福特汽车公司聘请戴明博士主持一连串的管理研
讨会，其中有一位学员是唐纳·彼得森，后来成为福特公司的总

裁。他大力在福特公司内推动戴明所教的法则。彼得森深信这套法则能使福特汽车公司的命运起死回生，当时它一年的亏损高达数十亿美元。戴明一踏进福特公司便改变其传统的信念，不要再从"怎样提高产量、降低成本"着手，而应放眼于"如何提高工作的品质，使品质不再是一个成本升高的问题"。福特公司要求全体员工重视品质问题（正如其在企业内部所张贴"品质第一"的标语一样），在推动戴明法则之后不到3年便转亏为赢，一年盈余60亿美元，成为汽车制造业的佼佼者。

　　福特汽车公司是怎么做到的呢？在处于最困难的情况下，他们从日本人那里终于学到了美国人对于品质的观点。例如，福特公司为了保持某一车型的经济产量，而把该车型一半数量的变速箱委托给一家日本企业生产，可是在车子销售时福特公司却发现不少顾客指名要买日本制的变速箱，若是缺货他们宁可排队等待或多付点儿钱也没关系。这种现象让福特公司的主管们颇为不快，心里第一个反应便是认为顾客未免太挑剔了，同是按照品管标准而只不过分由美日两地生产的变速箱会有什么样的差异？然而在戴明所主持对这种变速箱的测试下，发现福特美国工厂所生产的变速箱声音比较大，也常出毛病，比起日本工厂生产的变速箱相差不少，后者几乎没有响声、也不震动、很少出毛病。

戴明教导福特员工的一个观念，就是品质永远不会多花什么成本，这跟大部分人所持的观念相左，因为长久以来大家便认为品质只能达到某一水准，超过这个水准便会使成本失控。当工程专家把福特美国工厂所生产的变速箱拆开，量测了所有零件的尺寸，发现都在品管检验的标准内。这个检验标准也曾送到日本生产变速箱那家工厂去，当专家检验他们所生产的零件时，几乎每个零件的尺寸都分毫不差，甚至于可以这么说，若是不放在显微镜之下测量还真找不出什么瑕疵。

为什么日本工厂就能做出比合约中所定的品管标准更高的品质呢？没有其他的理由，就是他们深信品质永远不会多花什么成本，只要他们能做出够品质的产品，就必然能赢得顾客，而且是忠诚的顾客，这种顾客可以为他们的产品耐心等待，甚至愿意付出更高的价格。就是基于这个信念，日本企业便全心致力于不断改进品质以满足顾客的需求，因而得以横扫世界市场而鲜逢敌手。这个信念是美国品管大师戴明首创，外传到日本而发扬光大，美国人若是想重振衰退的经济，就必须回过头来好好认识这个信念。

有一个观念对美国的整体经济造成很大的伤害，这就是"数字管理"。

长久以来，美国企业便相信利润是由降低成本、增加营收这二项所产生的。有一个著名的例子便是受此之害，它发生在黎恩·陶森主持克莱斯勒汽车公司的时候。当时正逢产业界不景气，各家企业的收入都大幅滑落，为了立即提高公司的利润，陶森采取的做法不是提高经营收入而是降低成本。他解雇了2/3的工程设计人员，就短期看来他是作了一项聪明的决定，因为利润立刻往上蹿升，也因此陶森被全公司视为救星。可是没过几年克莱斯勒又陷入收支的困境，怎么会发生这种事情呢？其中的原因固然不止一个，不过就长期来看，乃是陶森那个解雇工程设计人员的决定不当所致，因为它严重破坏了克莱斯勒素以设计著称的基础。我们经常会发现伤害公司最厉害的是那些作出短视决定的人。可是奇怪的是他们却常领高薪，他们所想出的办法固然可以解决眼前的问题，可是却种下了更大问题的"因"。相对于克莱斯勒这个例子，福特汽车之所以能扭转颓势就全仗它的工程设计人员，他们因为设计出Taurus这种新款的车种，树立了汽车品质的新标准而赢得消费者的青睐。

从上述的例子可知，信念会影响我们所做的一切决定，不管是事业上或生活上，从而主宰我们的未来。我们若希望有个成功且快乐的人生，有一个重要的信念必须接受，那就是得时时不断地改进自己人生的品质，不断成长、不断拓展。

（4）要有持久不懈地改变

日本企业就很明白这个道理，其之所以能有今日的风光，固然得力于戴明的指导，不过他们不断追求品质的决心也功不可没。他们经常把一个词挂在嘴上，那就是"改善"。这个词在日文中就是"没有休止"的意义。他们经常进行改善，不管是业务上、生产上或是人际关系上，务必日日都有进步。

事实上，改善有个原则，就是逐步慢慢地改进，哪怕那种改进是多么微不足道，因为日本人知道，只要每天能有小小的进步，长久累积下来便是惊人的成就。中国人有句俗谚："士别三日，当刮目相看。"很遗憾在英语的词汇中就没有像日语"改善"这样的字眼。

越认识"改善"对日本企业的影响，就越觉得这种观念对人生有重大的意义。

　　安东尼·罗宾认为，他之所以能有今日的快乐和成功，全是因为不断改进、不断提高自己对人生的期望。他认为，英文中应该有一个字眼，用以时时提醒我们作出"持久不懈地改善"。当我们有了这种意义的词，就能够启发我们积极地思考，进而影响我们所做的一切决定。

　　基于这个用意，有人自创出一个简单但却包含了"持久不懈地改善"意义的字眼，那就是"CANI"！是"Constant and Neverending Improvement"这几个英文单词起首字母的缩写。他相信我们人生成功的程度跟是否致力于"CANI"有密不可分的关系。

　　"CANI"是一项认真的训练。你不可兴致来时才偶尔为之，而得用行动全力不断地去支持，因为这个词已经包含了逐渐地、持续地改进的意思，唯有如此才能看出长久的成效。如果你曾去过美国"大峡谷"这个地方，便能够了解这话的意思。因为大峡谷的壮丽乃是科罗拉多河及其千百条支流历经千万年对岩石的冲刷和切割才形成的，如今早已被世人誉为世界七大自然奇观之一。

　　许多人经常处于惶惶不可终日之中，他们天天不是担心工作没了便是钱亏了，不是担心离婚了便是得病了，简直是没有一件事不担心。事实上，人生要想有真正的保障那就得每天在各方面有所改进才行。我们应该从不担心目前所有的一切，因为每天我们都在改进，而每天也都确实有进步。

"CANI"不表示你就不会再遇上挫折，事实上就是因为你犯了错才有机会去改进，也才有机会往上提升。"CANI"的目的就是要你未雨绸缪，及早发现问题，及早掌握问题，以免使问题恶化到不可收拾的地步。

要是你想知道自己进行"CANI"的成效，不妨在每天的结束时好好问问自己下面的问题：今天我到底学到些什么？我有什么样的改进？我是否对所做的感到满意？如果你每天都能改进自己的能力并且过得很快乐，你必然能够得到别人想都想不到的丰富人生。

前洛杉矶湖人队的教练派特·雷利是美国职业篮球赛赢场纪录最高的保持者。有人说，那是他运气好，因为他手下有一批最优秀的球员。

这话固然不假，然而其他的教练也有好的球员，可是就无法能赢那么多场。派特能有此骄人成绩乃是因为他有心做好"CANI"。据他说在1986年球季开始之初就曾面临过重大的挑战，在前一年湖人队本来有很好的机会夺得冠军，当时所有的球员都处于巅峰，可是在最后决赛时仍然输给了波士顿的塞尔狄克队，这使得他及所有球员都极为沮丧。

为了让球员们相信他们是有能力夺得冠军，派特计划让每位球员都能努力进步一点点，于是，便告诉大家只要能在球技上每人进步1％，那个球季便会有出人意料之外的好成绩。1％的进步似乎是微不足道，可是你想想若是一队12个球员个个都进步1％，整个球队便能比以前进步12％，而只要能进步10％以上，湖人队便足以赢得冠军宝座。

这个观念最可贵的地方，就在于每一位球员都认为进步1％可以做到。这种激起每位球员的潜力、全力追求改进至少1％以上的方法，你知道结果如何吗？大部分的球员进步了不止5％，甚至有的高达50％以上，结果1986年居然是湖人队赢得冠军最容易的一年。的确，只要你真有心做好"CANI"，没有什么事是你所不能的。

因此，安东尼·罗宾告诫我们：成功的秘诀就在于对未来有把握，抱着不断突破的信念而拿出必要的行动，就一定能为自己及他人开创企望的人生。

　　也许今天你对某些事已有充分把握，可是别忘了，随着岁月的流逝，我们会面对新的环境，我们得有更有力的信念才行。别一味相信以往曾使你有把握的信念，当你拥有更多的依据后，这些信念便会改变。不过今天你得关心的是，目前所持有的信念是否能帮助你突破和成长，看看它们能带给你什么样的结果？《圣经》中说得好："他心怎样思量，他为人就是怎样。"我们每个人都有不少信念，而这些信念之中有些正是影响我们目前人生的主要因素，请问你是否曾真正去认识呢？现在请你放下一切事情留给自己10分钟，把所拥有的信念彻底从脑子里翻出来并且好好地想一想，不管这些信念对你是有帮助的或是有妨碍的，要尽可能把它们都写下来。

不要满足自我

满足我的信念是人生的死海症状。死海是个没有出口的海，因而成为一摊有毒的死水，并且正逐渐消亡。满足自我像死海一样，是一种以自我为中心的人生态度，终将妨碍我们发挥潜能。

永远不要满足于目前的工作表现，要做到最好，你才是最重要的。可能很少有能把工作做到完美无缺的，但是在我们不断增强自己的力量、不断提升自己能力的时候，我们对自己要求的标准会越来越高。这是人类精神的永恒本性。

玛丽大学毕业后来到纽约，想在出版界找个工作，但没有人雇佣她。最后迫于生计，她只得到一家咖啡馆当女侍。

尽管有些不如意，但玛丽毫不气馁地尽自己最大努力干好工作。她认真负责，动作熟练，永远笑脸迎人，过了几个月，有一位常客问她："我想你不是一直做女侍的吧？你还做什么工作？"玛丽回答道："我是想找一份编辑的工作，因此我晚间在这里上班，白天出去应征谋职。"这位客人正是一个有名的出版商，他正要找一位聪慧的年轻的助理，于是非常想与玛丽面谈，结果玛丽得到了这个工作。

不难看出，玛丽切切实实地实践了"全力以赴"的原则，直觉上，她认为女侍的工作非但不是绊脚石，而且还是个晋升的阶梯，只是没想到这一步能跨得这么远、这么快。

毫无疑问，事无大小，每做一事，总要竭尽全力，求其完美，这是成功者的一种结论。

在日常工作中，对于那些寻常细微工作认真地做好，才有可能使人渐渐地走上重要的岗位并创造出更大的财富。日常奉献出来的认真和勤奋，可以使我们进入"上升"之门。在干事时，只要你竭尽所能，干得比一般人更好、更敏捷、更精确、更可靠、更整齐、更能不断创新，你自然能引起上级的重视，而使你不断发展和进步。

所以，在我们的生活中，有些事情我们可以不去做，但责任要求我们去做，甚至责任要求我们完成一些我们能力很难完成的事情。如果你做到了，得到的不仅仅是心理上的坦荡和安然，你的精神和责任会感染别人，然后别人会因为你的感染也更有责任感。我们的努力也才会随着人生阶段的改变而翻新，在任何时候做自己的事，都应尽己所能，无怨无悔，做到更好，就是完美。

身兼联想集团董事局主席和联想投资公司董事长的柳传志，除了有20%的时间要忙于社会事务外，剩余的精力在这两个公司对半分。

但是在这两个公司中，柳传志扮演的角色却不同。

在联想集团，他自称与杨元庆的关系就像是制片人和导演：自己是制片人，杨元庆是导演。"电影制片人应该做的事有四个：第一是预算的审批；第二是战略方向的制定；第三是对总裁和高级副总裁的任命和考核；第四就是重大的兼并收购等涉及股权方面的事情。"

柳传志强调，除了授权，考核也挺重要。"这点我和元庆说得比较清楚，我们希望制定一套双方都认可的考核方式。它不是很细微，但是一套宏观的考核体系，这有点像制片人对导演的评价。"

由于与杨元庆的默契和熟悉，柳传志的放权收到良好的成效。"关键是做出来，而且能真正地实现。"一位业界人士说："战略方向由董事会来定，而具体的战略部署就由总裁来做，说起来容易，做起来难。"

这就是平庸与完美的区别。假如你是领导的话，你也该知道哪一个做得更好，更应该得到提升。

一个人的工作有没有追求完美的精神，有没有坚持不懈的毅力，这对工作本身来讲有着本质的区别。这就像烧水，水烧到99 ℃了，你想差不多了，不用再等了，而结果是：对不起，你永远喝不到烧开的水，也就是说：99%等于0%，此时的99%与0%就没有本质区别。

全力以赴，是一种必要的品格；只有不懈地坚持，才有可能达到预期的彼岸，才能摘取成功的花朵。

当你认为自己有能力的话，你就会觉得各方面只要经过自己努力就能取得成功。因为这个世界上没有任何人能够改变你，只有你能改变自己，也没有任何人能够打败你，也只有你自己。因此，无论你自身条件如何恶劣，只要你拥有积极的心态，就可能达到成功的彼岸。美国总统富兰克林·罗斯福就是以积极的心态成就事业。

他看见别的强壮的孩子玩游戏、游泳、骑马，做各种极难的体育活动时，他也强迫自己去参加，使自己变为最能吃苦耐劳的典范。他看见别的孩子用刚毅的态度对付困难，用以克服惧怕的情形时，他也就用一种探险的精神，去对付所遇到的可怕的环境。如此，他也觉得自己勇敢了。当他和别人在一起的，他觉得他喜欢他们并不愿意回避他们。由于他对人感兴趣，从而自卑的感觉便无从发生。

他觉得当他用"快乐"这两个字去和别人交往时，就不觉得惧怕别人了。

在他进大学时，他利用假期在亚利桑那追赶牛群；在落基山猎熊；在非洲打狮子，使自己变得强壮有力。有人会疑心这位西班牙战争中马队的领袖罗斯福的精力吗？或是有人对于他的勇敢发生过疑问吗？然而千真万确，罗斯福便是那个曾经体弱惧怕的小孩。

罗斯福使自己成功的方式简单有效，这是每个人都可以实行的。罗斯福成功的主要因素在于他的心态和信念。正是他这种积极的心态激励他去努力奋斗，最后终于从不幸的环境中找到了成功的秘诀。

很久很久以前，有一个养蚌人，他想培养一颗世上最大最美的珍珠。他去海边沙滩上挑选沙粒，并且一颗一颗地问那些沙粒，愿不愿意变成珍珠。那些沙粒一颗一颗都摇头说不愿意。养蚌人从清晨问到黄昏，他都快要绝望了。就在这时，有一颗沙粒答应了他。旁边的沙粒都嘲笑起那颗沙粒，说它太傻，去蚌壳里住，远离亲人、朋友，见不到阳光、雨露、明月、清风，甚至还缺少空气，只能与黑暗、潮湿、寒冷、孤寂为伍，不值得。可那颗沙粒还是无怨无悔地随着养蚌人去了。

斗转星移，几年过去了，那颗沙粒已长成了一颗晶莹剔透、价值连城的珍珠，而曾经嘲笑它傻的那些伙伴们，却依然只是一堆沙粒，有的已风化成土。

也许你只是众多沙粒中最最平凡的一颗，但如果你有要成为一颗珍珠的信念，并且忍耐着、坚持着，当走过黑暗与苦难的长长隧道之后，你或许会惊讶地发现，平凡如沙粒的你，在不知不觉中，已长成了一颗珍珠。

每颗珍珠都是由沙子磨砺出来的，能够成为珍珠的沙粒都有着成为珍珠的坚定信念，并无怨无悔。沙粒之所以能成为珍珠，只是因为它有成为珍珠的信念。芸芸众生中，我们原本只是一粒粒平凡的沙子，但只要怀有成为珍珠的信念，你终会长成一颗珍珠的。

　　一个人除非对自己的目标有足够的信心，否则目标很难实现。在成长的道路上，我们应当始终坚信，只要朝着自己的目标不断向前，肯定会有好的结果。

　　当我们的思绪全放在自己身上时，满足自我便是信念。这种信念会带来麻烦，影响情绪，减低工作效率，破坏美好的未来。在这种态度下，我们的交往会受到限制，长期的关系也难以建立，因为很少有人会愿意和凡事只想满足自我的人作朋友，更别提要和他维持长久的情谊了。

　　没错，满足自我是条死胡同，而追求个人成长的动机却是条奔流不绝的河流，由这头流到那头，一面灌溉农作物、一面发电。满足自我就像个孜孜不倦的学生，为知识而求取知识、寻求答案；个人成长的动机则犹如教师，他得到知识是为了将答案与别人分享。

　　满足自我是健美先生或小姐，将身材练得凹凸分明，为的是要站在镜子前，期待别人发出赞叹。个人成长宛如运动员，练就一身绝佳体能，既可为团队争光，也可强身，是一种双赢的情境。

1992 年1月号的《美国预防医学协会会刊》指出：在各种新年新志中，态度的改变（如悲观改为乐观）较饮食或运动习惯的改变更能有效地预防疾病。

普林斯顿大学心理学家琼司在最近某期《科学》杂志中评论一项有关"期望"的研究。他说："期望不仅会影响我们对现实的看法，也会影响现实本身。"这也就是为什么几乎每位医学院学生，在受训过程中，都会出现一种或多种所学疾病的症状。

有史以来最伟大的神经外科医生库辛斯，在执业初期曾预测他一定会死于脑瘤。结果真的应验，他的预期变成了事实。

休士顿有位语言治疗师还在学习阶段时，曾和班上同学一起研究口吃，结果大家说话都变得结结巴巴。当人们潜心在某件事情上，仔细研究、日日钻研，心理及情绪就会和它融为一体。库辛斯医师及研究语言治疗的学生正是如此。

卡耐基美伦大学的心理学家席耶发现，乐观者在面对求职遭拒之类的挫折时，多半会拟订行动方案，寻求他人帮忙或忠告。悲观者遇到类似困境，多会试着忘掉一切，或认定事情已无挽回余地。而乐观者通常只有在真正无法挽救的情况下，才会出现这种态度。

　　宾州大学的赛利曼博士说："成功之道，在于几许天分加上屡败屡战的精神。"两者互相结合即为乐观。赛利曼博士还说，较实际情况更能掌握自己生命的人，所获成果会比那些自以为洞悉事理的现实主义者（即悲观主义者）为佳。

　　两个旅行中的天使到一个富有的家庭借宿。这家人对他们并不友好，并且拒绝让他们在舒适的客人卧室过夜，而是在冰冷的地下室，给他们找了一个角落。当他们铺床时，较老的天使发现墙上有一个洞，就顺手把它修补好了。年轻的天使问为什么，老天使答道："有些事并不像它看上去那样。"

　　第二晚，两人又到了一个非常贫穷的农家借宿。主人夫妇俩对他们非常热情，把仅有的一点点食物，拿出来款待客人，然后，又让出自己的床铺给两个天使。第二天一早，两个天使发现农夫和他的妻子在哭泣，他们唯一的生活来源——一头奶牛死了。年轻的天使非常愤怒，他质问老天使为什么会这样，第一个家庭什么都有，老天使还帮助他们修补墙洞；第二个家庭，尽管如此贫穷，还是热情款待客人，而老天使却没有阻止奶牛的死亡。

"有些事并不像它看上去那样。"老天使答道，"当我们在地下室过夜时，我从墙洞看到墙里面堆满了金块。因为主人被贪欲所迷惑，不愿意分享他的财富，所以，我把墙洞填上了。昨天晚上，死亡之神来召唤农夫的妻子，我让奶牛代替了她。所以，有些事并不像它看上去那样。

有些时候，事情的表面，并不是它实际应该的样子。如果你有信念，你只需要坚信，付出总会得到回报。你可能不会发现，直到后来，你就一定会明白的。

人是为什么而活？又是什么在支撑着人们努力奋发？其实，这不过就是两个字——信念。

信念的力量是伟大的，它支持着人们生活，催促着人们奋斗，推动着人们进步。正是它，创造了世界上一个又一个的奇迹。

记得，长篇小说《苦儿流浪记》有一段情节：主人公与几名矿工，在工作时遇难了。大家被困在一个狭小的空间里，脚下是无尽的水流，他们所有的，不过就是几盏灯。在这极度恶劣的情况下，他们看起来，不是被淹死，就是被窒息而死，再不然，就是被饿死，总而言之，似乎是必死无疑了。

营救虽然在努力进行着，但是，人们都没多大把握成功。而矿井下的情况确实不容乐观，因为好些人都抱着必死的心。他们中有一个人带了表，最后有人提议熄了灯，每隔一段时间，让那名矿工报一次时间，大家都休息，节省体力。时间在一分一秒地过去，人们的心也慢慢地被揪紧，但等到营救队到达时，他们竟然奇迹般地存活下来，只有一个人死了，就是那个报时间的矿工。

原来，开始他的确是准时报时间的，但是，当他发现了同伴们的异常后，他便开始了"虚报"：半小时，他说十五分钟；一小时，他说半小时；两个小时，他说一个小时。结果其他人，都在信念的支撑下，活了下来，而那个报时的矿工，却被自己的心魔给逼死了。

由此可见，信念的力量，是多么的伟大啊！

再举一个例子，四川汶川大地震中，被埋在废墟下一百多个小时，仍然被活着救出的人们，哪个不是凭借顽强的信念努力着，最后，创造了一个又一个的生命奇迹，让人们无不为之感动、钦佩。反之，一个人若是没有了信念，即使他活着又怎样，还不是与活死人无异！

所以，信念的力量便是生命的源泉，在它的帮助下，人生路上将会丰富多彩。

相信你内心的“天赐神力”

　　　　信念足以摧毁恐惧、忧虑和疑惑的沉重大山，信念
可任由你不断重复和强化——相信你自己、相信你内心的
“天赐神力”。不管什么时候观察它，它发挥作用的过程
总是极其朴实、静寂无声、丝毫也不引人注意，然而日积
月累所产生的成果就会令你震惊不已。

　　西方精神分析学大师弗洛伊德将空想命名为“白日梦”。
他认为，白日梦就是人在现实生活中由于某种欲望得不到满
足，于是，通过一系列的想、幻想在心理上实现该欲望，从而
为自己在虚无中寻求到某种心理上的平衡。
　　弗氏理论还提出了一个关键性的词：逃避。也就是说，过
分沉湎于空想的人必定是一个逃避倾向很浓的人。此言一语中

的。这正是空想带给人的极大危害性。下面的故事生动地说明
空想的危害。

　　一年夏天，一位来自马萨诸塞州的乡下小伙子登门拜访年
事已高的爱默生。小伙子自称是一个诗歌爱好者，从7岁起就开
始进行诗歌创作，但由于地处偏僻，一直得不到名师的指点，
因仰慕爱默生的大名，故千里迢迢前来寻求文学上的指导。

　　这位青年诗人虽然出身贫寒，但谈吐优雅，气度不凡。老
少两位诗人谈得非常融洽，爱默生对他非常欣赏。

　　临走时，青年诗人留下了薄薄的几页诗稿。

　　爱默生读了这几页诗稿后，认定这位乡下小伙子在文学上
将会前途无量，决定凭借自己在文学界的影响力提携他。

　　爱默生将那些诗稿推荐给文学刊物发表，但反响不大。他
希望这位青年诗人继续将自己的作品寄给他。于是，老少两位
诗人开始了频繁的书信来往。

　　青年诗人的信长达几页，大谈特谈文学问题，激情洋溢，
才思敏捷，表明他的确是个天才诗人。爱默生对他的才华大为
赞赏，在与友人的交谈中经常提起这位诗人。青年诗人很快就
在文坛有了一点儿小小的名气。

　　但是，这位青年诗人以后再也没有给爱默生寄诗稿来，信却越写越长，奇思异想层出不穷，言语中开始以著名诗人自居，语气越来越傲慢。

　　爱默生开始感到了不安。凭着对人性的深刻洞察，他发现这位年轻人身上出现了一种危险的倾向。

　　通信一直在继续。爱默生的态度逐渐变得冷淡，成了一个倾听者。

　　很快，秋天到了。爱默生去信邀请这位青年诗人前来参加一个文学聚会。他如期而至。在这位老作家的书房里，两人有一番对话：

　　"后来为什么不给我寄稿子了？"

　　"我在写一部长篇史诗。"

　　"你的抒情诗写得很出色，为什么要中断呢？"

　　"要成为一个大诗人就必须写长篇史诗，小打小闹是毫无意义的。"

　　"你认为你以前的那些作品都是小打小闹吗？"

　　"是的，我是个大诗人，我必须写大作品。"

"也许你是对的。你是个很有才华的人，我希望能尽早读到你的大作品。"

"谢谢，我已经完成了一部，很快就会公之于世。"

文学聚会上，这位被爱默生所欣赏的青年诗人大出风头。他逢人便谈他的伟大作品，表现得才华横溢，锋芒咄咄逼人。虽然谁也没有拜读过他的大作品，即便是他那几首由爱默生推荐发表的小诗也很少有人拜读过。但几乎每个人都认为这位年轻人必将成大器。否则，大作家爱默生能如此欣赏他吗？

转眼间，冬天到了。青年诗人继续给爱默生写信，但从不提起他的大作品。信越写越短，语气也越来越沮丧，直到有一天，他终于在信中承认，长时间以来他什么都没写。以前所谓的大作品根本就是子虚乌有之事，完全是他的空想。

他在信中写道："很久以来我就渴望成为一个大作家，周围所有的人都认为我是个有才华有前途的人，我自己也这么认为。我曾经写过一些诗，并有幸获得了阁下您的赞赏，我深感荣幸。

"使我深感苦恼的是，自此以后，我再也写不出任何东西了。不知为什么，每当面对稿纸时，我的脑中便一片空白。我认为自己是个大诗人，必须写出大作品。在想象中，我感觉自己和历史上的大诗人是并驾齐驱的，包括和尊贵的阁下您。"

"在现实中，我对自己深感鄙弃，因为我浪费了自己的才华，再也写不出作品了。而在想象中，我是个大诗人，我已经写出了传世之作，已经登上了诗歌的王位。"

"尊贵的阁下，请您原谅我这个狂妄无知的乡下小子……"

从此后，爱默生再也没有收到这位青年诗人的来信。

爱默生告诫我们："当一个人年轻时，谁没有空想过？谁没有幻想过？想入非非是青春的标志。但是，我的青年朋友们，请记住，人总归是要长大的。天地如此广阔，世界如此美好，等待你们的不仅仅是需要一对幻想的翅膀，更需要一双踏踏实实的脚！"

现在，让我们由另外一个角度来看。假设你打从一开始，便有很高的期望，甚至于每根神经都相信自己会成功，那么你会发挥多少潜能？可能不少。你打算采取什么样的做法？你会抱着懒懒散散、无精打采的做事态度吗？我敢保证你不会。这时你会兴奋、有干劲、满怀成功希望、做得又快又好。如果你是这样的卖力，会有什么样的结果呢？这必然是一个良性循环，成功滋生成功，不断产生更多的成功，而每一次的成功，就让你产生更多的信心，并有冲劲去追求更上一层的成功。

积极进取的人就不会出错？当然他们也会。是不是有积极的信念，就保证每次都顺利？当然不是。如果有人告诉你，他有个秘方，能保证你绝不失手，获得成功，我劝你最好看紧你的钱包，离他远一点儿。历史一再显示，真正的秘方是要保持能鼓舞你的信念，让你力行，全力达成最后的成功。林肯曾有过几次竞选失败，但是他一直相信自己的能力，终于成功。秘诀就在于他让自己处于被成功鼓舞，拒绝臣服于失败之下的信念，因此把他推向卓越，终有所成。由于他的成功，美国的历史改观。

有时候要达到成功并不需要多特别的信念或态度。有些人之所以成功，只是他们不知道某件事的困难度或不可能性。有时候，心里不存有无力感也就够了。

例如，这个故事中的年轻人，有一次在上数学课时打瞌睡。下课铃响时，他醒了过来，抬头看见黑板上留了两道题目，以为是当天的家庭作业。回家后，他花了整夜演算，就是算不出来，但是他还是锲而不舍。终于，他算出了一题，并把答案带到课堂上。老师见了不禁瞠目结舌，原来那一题本来是认为无解的。如果该生知道的话，恐怕他就不会去演算了。不过因为他不知道那题无解，结果不但解开了，同时也另外找出一条求解的方法。

　　另外一个改变信念的方法，就是拥有一个推翻信念的经验，过火的另外一个目的就在此。人们能不能够过火，我并不在乎，我在乎的是他们能不能够做原先认为不可能的事。如果你能够做原先认为完全不可能的事，这个经验就会让你重估你旧有的信念。

　　生命实在是比我们想象的更微妙且更复杂。如果你还没像前面所说的那样做过，那么就重新检讨你的信念，并且决定要改变那些以及成为那些旧的信念。

　　在这里，我要问一个问题，这个图形是往内凹，还是往外凸，问题似乎问得很蠢，不过答案却是，看你怎么去看它？

　　你的人生，是由你自己创造的。如果你的内心有积极的看法和信念，那是你所创造的；如果内心的看法和信念是消极的，那也是你所创造的。追求卓越的信念有很多，但我挑了七个我认为十分重要的，我称它们为……

　　此刻，你正是自己信念（即你相信什么，不管这些信念是好或是不好）、头脑吸纳的东西（即你的头脑意识和潜意识已经接受了什么）以及信念结果（即何种东西激励着你的想法与行动）这三种东西相互激发、作用的产物。若信念变了，你的生活也会相应改变，因为所有生活都是建立在信念的基础上。

　　也许你没有意识到，其实，你每天的呼吸、心脏跳动，好好活着等，都是在你自己信念的支持下才得以正常进行。如果缺失这些信念，你的健康乃至生命必定大受危害。你向来都是相信周围的很多事物，如相信你的工作、你的朋友、你的能力、你的汽车、你的未来……所有这些，你把它们当成自己生活的一部分来接受。而且，你还把这些司空见惯的事物想象成过去的模样。也就是说，你每个日子都在重复叠加一次几乎一成不变的经历，因此，你一天比一天更坚信自己所做的事都极其正常，而要是做你觉得不符合自己心意的事，情况就变得很糟糕。相反，假如你能做自己觉得自己应该做的事，你就会全力以赴，使情况变得更好。

　　你可以做个自我评价，而且要确保：你每天一次次重复做的事情，正在增长你的见识、使你的能力持续提高、做出成就，从而增进你的个人满足和幸福。若非如此，你一定会对继续重复这些行为感到索然无味。很可能，你要极力避开它们，选择进行新一轮的发展循环。

要加倍小心，有了第一次，第二次就难以避免，因为习惯的力量很强大，人的大部分行为都是习惯使然。坏的想法极易重复滋生，因为同性总是相互强烈吸引。如果找不到同类想法作伴，你输到大脑里的每一种想法都会很不安分。你怀有什么样的想法呢？是那种会给你带来你想躲避的东西、让你经历你不想经历的事情的想法？假如这样，就立刻把它们扔掉吧，否则，经年累月，它们会借助重复的力量，在你的脑海里牢牢地扎下根须，肆意破坏你的健康和幸福。

嗜酒者发现戒酒无比艰难，因为嗜酒的恶习已经在他的身心中积重难返。他老是"看见"自己一次次拿着酒瓶痛痛快快地喝，这种画面如此鲜活，以至于他描绘不出自己不喝酒的良好情形。

如今你保存在大脑中的画面，只跟你的过去有关。若是不加控制，不主动描绘新画面，明天你仍然只能重复今天和昨天所保存的一切。

不幸的是，人部分人一味沿袭自己已经形成的旧习惯，表

面上看起来总是忙个不停、大有长进，然而天天老样子，毫无
变化。一天到晚忙得晕头转向，最终结果还是没有实质性的突
破，唯有你为自己的人生确立一个新方向和新目标，清晰地看
到前进的路标、持续向前迈步，进而踏上获得更多更大的幸福
与成功的快车道。这样的幸福和成功是害怕改变而守旧的人所
永远无法想象得到的。

　　敲吧，敲吧，不停地敲！你的意识中时刻进行的敲击动
作，一定会为你吸引来不计其数的类似的东西……正是这种永
无止息的敲击，这种精神画面的不断重复和强化，为你的潜意
识打下合理想法和正确行动的烙印。

　　相信你自己，相信你一定能够通过重复而改变和影响一
切！一旦学会正确运用重复的伟大力量，你必将无往而不胜！

　　最重要的是，你一定要相信，信念的力量是巨大的，它是
确实有效和值得信赖的。相信自己在身上感受到它时，就可以
认出它来；相信你一定会掌握怎样运用它的各种方法。

　　而本书的目的正是要向你揭示这种创造力，帮你学会如何
才能成功应用它，让它更好地为你服务。

　　不过，在看到这些话语时，你不能奢望自己只坐在门外向
里窥视，就可体验到意识思维中这种神奇力量的猛烈爆炸力。

你要勇于打开自己的心扉，腾出空间容纳它，让由于错误思虑或者熟视无睹而被尘封的TNT露出头角，然后你点燃它，从而炸毁一切拖你后腿的障碍、缺点、困难和问题。

不管遇到多么大的困难，你都有足够的力量战而胜之——这种力量不是来自外界——而是来自你的内心。

一切人类文明的产物诞生于世之前，都首先在人的思维中成形！

刚开始发现这个看似寻常的真理时，你会感到非常震惊。若是处处束缚自己，你将永远停滞不前；若是大脑里不作出放下这本书的决定，你无论如何也放不下它；只有清除由于错误思考而形成的限制，你才能获得内心TNT对你的大力帮助。

敢于树立信念

　　信念可以给弱者以勇气，给气馁者以希望，给那些强者以更强大的力量。一个没有信念支撑的人，往往就没有坚韧的品格，遇到困难也很容易轻言放弃。

　　一个人无论从事何种职业，都应该尽心尽责，尽自己的最大努力，求得不断地进步。这不仅是工作的原则，也是人生的原则。如果没有了职责和理想，生命就会变得毫无意义。无论你身居何处（即使在贫穷困苦的环境中），如果能全身心投入工作，最后就会获得经济自由。那些在人生中取得成就的人，一定在某一特定领域里进行过坚持不懈的努力。

　　萨克斯·康明斯是一位相当称职的、具有高尚的职业道德的编辑家。有人曾赞美萨克斯编辑水准的不凡："他用蓝铅笔一挥，光秃秃的岩石也能冒出香槟酒来。"

　　萨克斯在30岁时，就已对编辑业务运用自如，他具有真正的文学感和渊博的文学知识，而且更掌握了许多具体的出版工艺：从设计、出书，直到适当的发行工作。这些确实不易。因为他仅仅是个编辑。

　　哥伦比亚大学的莫里斯·瓦伦西教授把他的书稿《第三重天》送到萨克斯供职的兰多姆出版社。萨克斯审阅了这部著作。他认为，"对我来说，这是一部明达而深入的研究著作，在内容、风格和学术方面都很丰富，完全应该出版"。他肯定地说："我可以很有把握地说，如果我们不出版这部书，别的出版家也会出版这本书。但是我们是第一个读到这本书的出版社。"尽管萨克斯对《第三重天》抱有如此充分的自信和热情，《第三重天》还是被他的同事所否定。按一般常规，责任编辑的推荐、力争，了无其效，书稿退回作者就行，起码也就无愧于心了。然而作为编辑的萨克斯并没有就此撒手，他不忍心于一部确有价值的书稿的埋没。在给莫里斯的信中，他仍然鼓励作者："我个人认为，你的著作会使牛津大学出版社的书目为之生色不少的，我大力请求把稿子寄给他们。实际上，我很愿意向那个出版社推荐你的书稿。"

畅销书作家巴德·舒尔伯格写完《在滨水区》的初稿，正要润色付印时，该小说的电影拍摄权已卖出去了。这时，就有个小说、电影一决先后的问题，急如星火，分秒必争。按我们的一句俗话来说，"萝卜快了不洗泥"，萨克斯完全可以尽快推出小说，印小说毕竟要快于拍电影吧！然而，他不，他认为清样送来了，还得仔细校阅，特别要核实滨水区流行的那些行话是否真有那么回事。于是，他越俎代庖地把给巴德提供过滨水区真实情况的码头工人布朗请来。"办公室里太乱，人们又太好奇，根本没法工作。在家里干，有这个码头工人在身旁，校对工作的进展会快得多，清样马上就能送出去。"他这样打电话给夫人。于是，一应食宿，均在其家。在这里，作者、编辑、作品素材提供者，融为一体。它体现了作为一个极端负责任的编辑的责任感和使命感。

他心里只有作者、作品和读者。对三者的无丝毫怠慢，正是一位尽职尽责的编辑最可贵的职业道德和思想素质。

　　一旦你领悟了全力以赴地工作能消除工作的辛劳这一秘诀，你就掌握了获得成功的原理。即使你的职业是平庸的，如果你处处抱着尽职尽责的态度去工作，也能获得个人极大的成功。如果你想做一个成功的值得上司信任的员工，你就必须尽量追求精确和完美。尽职尽责地对待自己的工作是成功者的必备品质。

　　无论做何事，务必竭尽全力，因为它决定一个人日后事业上的成败。也就握住了成功之门的钥匙。能处处以主动尽职的态度工作，即使从事最平庸的职业，也能增添个人的荣耀。

　　成就平平的人往往是善于发现困难的天才，善于在每一项任务中都看到困难。他们莫名其妙地担心，使自己丧尽勇气。一旦开始行动，就开始寻找困难，时时刻刻等待困难出现。当然，最终他们发现了困难，并且为困难所击败。

　　他们善于夸大困难，缺少必胜的决心和勇气。即使为了赢得成功，也不愿意牺牲一点点安乐和舒适作为代价。总是希望别人能帮助他们，给他们支持。

　　如果机遇总是不曾垂青他，他总是找不到自己喜欢做的事，那他就承认自己不是环境的主人，他不得不向困难低头，因为他没有足够的力量。那些只看到困难的人有一个致命弱点，就是没有坚强的意志去驱除障碍。他没有下定决心去完成艰苦工作的意愿。他渴望成功，却不想付出代价。他习惯于随波逐流，浅尝辄止，贪图安乐，胸无大志。

这些人似乎戴着一副有色眼镜，除了困难，什么也看不见。他们前进的路上总是充满了"如果"、"但是"、"或者"和"不能"。

一个会取得成功的年轻人也会看到困难，但却从不惧怕，因为相信自己能战胜，他相信勇往直前的勇气能扫除一切障碍。

莫泊桑13岁那年，考入了里昂中学，他的老师布耶，是当时著名的巴那斯派诗人。布耶发现莫泊桑颇有文学才能，就把他介绍给福楼拜。

福楼拜是世界闻名的作家，当时在法国享有崇高的声誉。他看了看莫泊桑的作品，对他说："孩子，我不知道你有没有才气。在你带给我的东西里表明你有某些聪明，但是，你永远不要忘记，照布封（法国作家）的说法，才气就是坚持不懈，你得好好努力呀！"

莫泊桑点点头，把福楼拜的话牢牢记在心里。

　　福楼拜想考一考莫泊桑的观察能力和语言功底。一天，福楼拜带莫泊桑去看一家杂货铺，回来后要莫泊桑写一篇文章，要求所写的货商必须是杂货铺的那个货商，所写的事物只能用一个名词来称呼，只能用一个动词来表达，只能用一个形容词来描绘，并且所用的词，应是别人没有用过，甚至是还没有被人发现的。

　　多苛刻的要求啊！但莫泊桑理解福楼拜的良苦用心，他写了改，改了写，反反复复，努力朝福楼拜提出的要求奋斗着。

　　在福楼拜的严格要求下，莫泊桑的学业进步飞快。后来，他就写剧本和小说了，写完就请福楼拜指点。福楼拜总是指出一大堆缺点。莫泊桑修改后要寄出发表，但是福楼拜总是不同意，并且告诉他，不成熟的作品，不要寄往刊物上发表。

　　刚开始，莫泊桑唯命是从，福楼拜不点头，他就把文稿放在柜子里。慢慢地，文稿竟堆起来有一人多高，莫泊桑开始怀疑：福楼拜是不是在有心压制自己？

　　一天，莫泊桑闷闷不乐，到果园去散心。他走到一棵小苹果树跟前，只见树上结满了果子，嫩嫩的枝条被压得贴着了地面，再看看两旁的大苹果树，树上虽然也果实累累，但枝条却硬朗朗地支撑着。这给了他一个启示：一个人，在"枝干"未硬朗之前，不宜过早地让他"开花结果"，"根深叶茂"后，是不愁结不出丰硕的"果实"来的。从此，他更加虚心地向福楼拜学习，决心使自己"根深叶茂"起来。

1880年，莫泊桑已经到"而立之年"了。一天，他拿着小说《羊脂球》向福楼拜请教。福楼拜看后拍案叫绝，要他立即寄往刊物上发表。果然，《羊脂球》一面世，立即轰动了法国文坛。莫泊桑顿时成为法国文学界的新闻人物，同时，他也登上了世界文坛。

信念可以超越困难，可以突破阻挠，可以粉碎障碍。信念最终会让你达到自己的理想。其实，很多看似不可能的工作，你坚持勇敢地接受，你便可以完成。莫泊桑不怕福楼拜的苛求，一遍又一遍地修改，最终让他的作品成为传世佳作。

为自己的信念努力进取

一个人目前拥有多少并不重要，重要的是，他打算获得
多少。我们在世界上的价值相当于我们为自己预定的价值。

一个有责任感的员工，不仅仅要完成他自己分内的工作，
而且他会时时刻刻为企业着想。比如，他发现公司的员工最近
一段时间工作效率比较低，或者他听到一些顾客对目前公司员
工服务的抱怨，他就把自己的想法和如何发送的方案写出来投
到员工信箱中，为管理者改善管理提供一些参考。而有一些员
工就不会发现这些问题，或者发现了也不会反馈到管理层，他
们总认为那是领导者的事，我们瞎操什么心呀。说不定，费力
不讨好呢。

事实上，你的费力绝对不是不讨好的，一名真正有责任感的领导者会非常感激这样的员工，而且他会很欣慰，因为他的员工能够如此关爱自己的企业，关注着企业的发展，他也会为这样的员工感到骄傲，也只有这样的员工才能够得到企业的信任。

约瑟夫·库克说："机智灵活又踏实肯干的平凡人，比天才更易出成绩，取得更大的成绩。"

天赋如果不和敏捷的判断力、准确的逻辑推理能力、丰富的专业知识以及辛勤的工作联系起来，对于个人和社会就会毫无意义。有些人的确天赋不错，但对绝大多数人来说，勤能补拙，一分耕耘一分收获。很多天资聪慧却疏于劳作的人，只靠想象，期待奇迹会出现，而不是付出劳动去争取，最终还是两手空空，一无所获。

德国著名诗人席勒称自己"勤奋一生但壮志未酬"。在特罗洛普刚刚从事写作的时候，一个作家的建议使他受益终生，后来，他又把这句话送给了罗伯特·布坎南。他说："如果你想成为名垂千古的作家，在坐下来写作之前，先放一点儿鞋匠的黏胶在椅子上，有这样的创作精神才能希望成功。"

英国画家雷诺兹对天才曾经有过这样的阐释："天才除了全身心地专注于自己的目标、工作非常努力以外，与常人别无两样。"罗斯金则说："当听到年轻人对天才羡慕不已、推崇至极时，我常会问他这个问题：'天才勤奋工作吗？'我关注的是这两个词的差别：'应付差事'与'勤奋工作'。"

在一般人的眼里，汉夫雷·戴维肯定算不上命运的宠儿。由于出身贫寒，他接受教育和获得知识的机会极其有限。然而，他是一个勤奋刻苦的年轻人，当他在药店工作时，他甚至把旧的平底锅、烧水壶和各种各样的瓶子都用来做实验，锲而不舍地追求着科学和真理。后来，他以电化学创始人的身份出任英国皇家学会的会长。

在这个知识与科技发展一日千里的时代，随着知识、技能的折旧越来越快，不通过学习、培训进行技能更新，适应性自然会越来越差。只有不断学习，不断地充实自己，不断追求成长，才能使自己在工作中始终立于不败之地。

乔治的第一份工作，是在一个小镇上当老师，薪水十分微薄。其实他的优势很明显：教学基本功不错，还擅长写作。乔治一边抱怨命运的不公，一边羡慕那些工作体面、薪水优厚的同学。这样一来，乔治不仅对工作提不起兴趣，写作也变得索然无味，他不务正业，一天到晚琢磨着"跳槽"，希望能有机会调到一个较好的工作单位。

两年的时间一晃而过，乔治的本职工作干得一塌糊涂，写作上也一无所获。这期间，他试着联系几家自己向往已久的单位，但没有一家单位愿意接纳他。正在乔治心灰意懒的时候，一件稀松平常的小事，彻底改变了乔治的生活状态。

那天学校开运动会，这在生活极其贫乏的小镇，无疑是件大事，因而前来观看的人络绎不绝，小小的操场围得水泄不通。乔治来晚了，他站在人墙后面，使劲踮起脚也看不到里面热闹的情景。

这时，身旁一个矮小的男孩引起了乔治的注意，只见他一趟趟地从不远处搬来砖头，在那人墙后面，耐心地垒着台子，一层又一层，足有半米高。乔治不知道他花费了多长时间垒起这个台子，不知道他因此少看了多少精彩的比赛，但他登上自己垒起的台子朝周围的观众粲然一笑时，那份成功的喜悦，却令乔治神往。

刹那间，乔治的心被震了一下。多么简单的事情啊！要想越过密密的人墙看到精彩的比赛，只要在脚下多垫一些砖头。

　　从那以后，乔治满怀激情地投入到工作中去。很快，他被评上了优秀教师，各种令人羡慕的荣誉也纷纷落到他头上，业余时间，他不辍笔耕，作品频繁见诸报端，成了多家报刊的特约撰稿人。如今，他已是小有名气的专栏作家。

　　成功者都有一个共同的特点——勤奋。

　　在这个世界上，投机取巧是永远都不会到达成功之路的，偷懒更是永远没有出头之日。

　　"你为什么不想去上学？"15岁的儿子查理厌学，使格雷先生很吃惊。查理回答说："我太讨厌读书了，再说，读书有什么用？"

　　"你觉得自己懂的东西足够多了吗？"格雷先生质问道。

　　"我懂的东西，绝不比乔治·里曼少，他三个月前退学了。他说他再也不来上学了，他爸爸有的是钱。"

　　查理准备出门，格雷先生说："你等等，听我说，如果你不愿意读书，可以不读，但是你要明白一件事——不去读书，就得去工作，无所事事的儿子我不养活。"

　　第二天早上，格雷先生带查理去参观了一个监狱。在那儿，格雷先生与以前的一个同学见了面。他已经是一个囚犯了。格雷先生对他说："见到你很高兴，哈默先生，但是我很遗憾在这儿见到你。"

"你的遗憾不会比我的后悔更多。"那个囚犯对查理说，"我想这是你的孩子吧。"

"是的，这是我的大儿子查理。他现在的年纪，和我们一起上学的时候差不多。那些日子你还记得吗，约翰？"

"我倒巴不得忘记呢，威廉！"那个囚犯感叹道，"有时候我真希望那只是一场梦。可是每天早晨醒来，我都发现那些事情是真的。"

"当时是怎么回事？"格雷先生问，"我最后一次见到你时，你好像过得不错，比我好得多。"

"几句话就可以说清楚，"那囚犯回答说，"我游手好闲，和坏人混在一起。我不想读书，我认为富人的孩子用不着学习。我父亲死后给我留下了一大笔财产，其中没有一分是我自己挣来的，我一点儿都不会挣钱，也不心疼钱。一天早上醒来，我发现自己已经一无所有了，比最穷的小职员还穷。要活下去，必须有钱，我不想工作，又想弄到钱，结果就不用说了。"

哈默被看守叫回去干活儿，格雷先生问看守："这些囚犯有多少人受过职业训练，可以用正当的手段谋生？"

"十个里面找不到一个。"看守回答。

"查理，当我告诉你必须像其他孩子一样工作时，你很吃惊。"在回家的路上，格雷先生说，"这次到监狱来就是我的回答。大家都认为我是个有钱人，我确实也是有钱人，我能够为你提供最好的机会，使你变得聪明懂事。但是，无论现在还是将来，我的财富都不能让你游手好闲地生活下去。很多做父亲的，在经历了种种挫折之后，才意识到让孩子游手好闲是多么可怕的事！"

查理沉思了片刻，说："我星期一还是去上学吧！"

坐等事情发生，就好像等着月光变成银子一样渺茫。希望宇宙中发生奇迹、取代自然法则的作用，那简直是不可能的。这些想法往往是懒惰者的借口，是缺乏长远规划之人的托词。

在70岁生日那天，丹尼尔·韦伯斯特谈起他成功的秘密时说："努力工作使我取得了现在的成就。在我一生中，还从来没有哪一天不辛勤工作。"所以，辛勤的工作被称为"使成功降临到人身上的信使"。

在整个宇宙中，除了人，不存在其他任何游手好闲的东西，所有事物都根据自身的规律永不休止地运行着。"世界上最伟大的法则就是工作。"左拉说，"工作使有机的事物缓慢而有条不紊地朝着自己的目标前进。"

生活没有其他含义，这就是自然的法则，任何事物一旦离开了运动，就一定会停滞。如果我们不再使用某种器官，它就会开始衰退。只有投入使用的东西，大自然才会赋予它们力量，那也是我们唯一能支配的东西。

维斯卡亚公司是美国20世纪80年代最为著名的机械制造公司，其产品销往全世界，并代表着当今重型机械制造业的最高水平。许多人毕业后到该公司求职遭拒绝，原因很简单，该公司的高技术人员爆满，不再需要各种高技术人才。但是令人垂涎的待遇和足以自豪、炫耀的地位仍然向那些有志的求职者闪烁着诱人的光环。

詹姆斯和许多人的命运一样，在该公司每年一次的用人测试会上被拒绝申请，其实这时的用人测试会徒有虚名。詹姆斯并没有死心，他发誓一定要进入维斯卡亚重型机械制造公司。于是，他采取了一个特殊的策略——假装自己一无所长。

　　他先找到公司人事部，提出为该公司无偿提供劳动力，请求公司分派给他任何工作，他都不计任何报酬来完成。公司起初觉得这简直不可思议，但考虑到不用任何花费，也用不着操心，于是便分派他去打扫车间里的废铁屑。一年来，詹姆斯勤勤恳恳地重复着这种简单但是劳累的工作。为了糊口，下班后他还要去酒吧打工。这样虽然得到老板及工人们的好感，但是仍然没有一个人提到录用他的问题。

　　1990年年初，公司的许多订单纷纷被退回，理由均是产品质量有问题，为此公司将蒙受巨大的损失。公司董事会为了挽救颓势，紧急召开会议商议解决，当会议进行一大半却尚未见眉目时，詹姆斯闯入会议室，提出要直接见总经理。在会上，詹姆斯把对这一问题出现的原因作了令人信服的解释，并且就工程技术上的问题提出了自己的看法，随后拿出了自己对产品的改造设计图。这个设计非常先进，恰到好处地保留了原来机械的优点，同时克服了已出现的弊病。总经理及董事会的董事见到这个编外清洁工如此精明在行，便询问他的背景以及现状。詹姆斯面对公司的最高决策者们，将自己的意图和盘托出，经董事会举手表决，詹姆斯当即被聘为公司负责生产技术问题的副总经理。

原来，詹姆斯在当清扫工时，利用清扫工到处走动的特点，细心察看了整个公司各部门的生产情况，并一一作了详细记录，发现了存在的技术性问题，并想出解决的办法。为此，他花了近一年的时间搞设计，做了大量的统计数据，为最后一展雄姿奠定了基础。

詹姆斯是一个为自己的理想、信念而付诸行动的人，他不在乎自己只是一个编外清洁工，因为他有自己的信念，并为自己的信念努力进取，为自己的发展进行充分的准备，最终实现了自己最初的梦想。

第六章

相信自己

如何才能自信

　　人什么都可以没有，但是唯独不可以没有自信，拥有
自信，才能拥有一切。在漫长的人生旅途中，只有相信自
己，我们才能不断激励自己战胜一个个困难，征服一座座
学习的高峰。总之，自信可以改变一个人的一生。

　　自信是所有成功人士必备的素质之一。要想成功，首先必
须建立起自信心。而你若想在自己内心建立信心，即应像洒扫
街道一般，首先将相当于街道上最阴湿黑暗之角落的自卑感清
除干净，然后再种植信心，并加以巩固。信心建立之后，新的
机会才会随之而来。

　　在现实生活中，或许我们会因为某一件极其微小的事情而
情绪低落，对自己失去原有的自信，对生活充满自卑。自卑主要

表现为对自己的能力、品质等自身素质评价过低；心理承受力脆弱；经不起较强的刺激；谨小慎微、多愁善感，常常产生疑忌心理上的自我消极暗示，它可以是偶然形成的，也可以是一段时间内形成的。如果因为自卑而给自己以至社会带来极大的负面影响，则应该自我反省，有意识地通过锻炼来增强自信心。

那么，我们怎样才能使自己更优秀呢？能移走一座山的是信心。信心不是希望，信心比希望更重要，希望强调的是未来，信心强调的是当下。信心不是乐观，乐观源于信心；信心不是热情，但信心产生热情。按照成功心理学因素分析，信心在各项成功因素中的重要性仅居思考、智慧、毅力、勇气之后。自信人生三百年，唯有自信的人才会有所成就。

那么，我们如何才能使自己变得自信呢？这个问题非常简单，首先相信自己是重要的。如果你认为这句话有问题的话，我们不妨来看一看下面这个故事。

美国NBA的夏洛特黄蜂队有一位非常特别的球员——博格斯。他的身高只有160厘米，即使在普通人的眼里，也是个矮子，更不用说在身高两米还嫌低的NBA了。据说博格斯不仅是当时NBA中最矮的球员，而且也是NBA有史以来创纪录的矮子。但这个矮子可不简单，他曾是NBA表现最杰出、失误最少的后卫之一，不仅控球一流，远投精准，甚至在长人阵中带球上篮也毫无畏惧。

博格斯是不是天生的灌篮高手呢？当然不是，而是在他坚定信念的指导下，刻苦训练的结果。博格斯从小就长得特别矮小，但他却非常热爱篮球运动，几乎天天和同伴在场上拼斗。当时他就梦想着有一天可以去打NBA。每当博格斯告诉他的同伴"我长大后要打NBA"时，所有听到的人都会忍不住哈哈大笑，甚至有人笑倒在地上，因为他们"认定"一个身高只有一米六的矮子是绝无可能打NBA的。

但同伴的嘲笑并没有阻断博格斯的奋斗，而是更加激发了他的斗志。每天训练以前，他都要用十分坚定的口气对自己说："博格斯，你是最棒的，你一定能打NBA。"他用比一般人多几倍的时间练球，用比别人强几倍的毅力坚持。终于，他成为全能的篮球运动员，也成为最佳的控球后卫。他充分利用自己矮小的优势，行动灵活迅速，像一颗子弹一样，抄球常常得手。

博格斯成为有名的球星后，从前听说他要打NBA而笑倒在地上的同伴，反而经常炫耀地对别人说："我小时候是和黄蜂

队的博格斯一起打球的！"

160厘米的身高，即使在生活中也被判为"N等残废"，更不用说从事篮球这项巨人运动。而博格斯居然打进了NBA，还打得有板有眼，出神入化，成为最优秀的球员之一。博格斯凭的是什么？凭的就是他那份执着、那份自信，以及由此而激发出来的顽强毅力。正是源于这份自信，博格斯才能战胜种种难以想象的困难，跨越各种常人看来不可逾越的障碍，一步一步走向事业的顶峰。

由此可以看出，许多人的成功源于一个梦想，但并非所有的梦想都能变为现实。我们每个人都有许多绮丽美好的梦想，但只有那些百分之百相信自己的人，只有那些愿为梦想付出不懈努力的人，才能享受到成功美酒的甘甜。

相信别人是重要的，这是人生处世的黄金法则。相信别人是重要的，就是相信自己是重要的。尊重来源于尊重别人，毕竟尊重别人就是尊重自己。物理学上作用力与反作用力原理在人的交往中得到最深刻的体现。如果说信心是一块两面的板，一面是相信自己重要；另一面就是写着相信别人重要。少了哪一面，信心都是不完整的。因此，在工作中，我们必须尊重上司，尊重同事，尊重下属，这里没有太多的学问，尊重他们，就是尊重自己，就是自信的表现。

　　最后，树立信念，相信自己的潜能。人的潜能是十分巨大的，在危难之际或者紧迫之时，人的潜能就可以爆发出来。曾有位诗人这样说："人类体内蕴藏着无穷能量，当人类全部使用这些能量的时候，将无所不能。"尽管诗歌往往源于一些超现实主义的，并有明显夸大之嫌，而这一句话的真实性却远远超过我们最初对其所确认的真实程度。世间无人知晓人体内到底蕴藏着多少能量，但是即使所知的那些，对于最专注的人类行为观察家们来说也是不可胜数。这些能量中的相当一大部分都是超乎寻常的，退一步说，起码有一部分不同凡响，就使人们具有无止境的力量和潜能。那么，试想一下，当人能够发动全部能量的时候，一切会是怎样？

　　事实上，"能"和"不能"完全取决于你的信心，你认为你能，你就能。世上无难事，只要肯攀登，"你做不到"并非真理，除非你确实反复试过，否则任何人无权对你说"不可能"。一个想当元帅的士兵不一定就能当上元帅，但一个不想当元帅的士兵绝对当不上元帅。因为一个人不可能取得他并不想要或不敢要的成就。记住：你得在没有人相信你的时候，对自己深信不疑。一旦你开始退缩，你就永远踏不出成功的脚步。

自信永远没有终点

　　　　无论是贫穷还是富有，无论是貌若天仙，还是相貌平平，只要你昂起头来，只要你相信自己，你就会变得非常快乐，你就会对人生充满新的希望。

　　没有人不希望成功，意志薄弱的人也不例外。但是，意志薄弱的人害怕困难，缺乏自信，一遇障碍就会回头，根本不明白坚强的意志是战胜一切困难的利器，是无坚不摧、无城不拔的法宝。尤其是在面对充满诱惑和多变的世界，面对许多不确定的因素，有信念的人能坚守自己的理想和目标而不动摇，从而按自己的心愿、以自己的方式走向成功和卓越。

　　信念产生信心，信心可以感染别人，一方面激发别人对他的信心；另一方面使更多的人感染到信心。这样，就容易赢得上司的好感，具有良好的人缘。而人缘好，机会就多，成功就会变得更加容易。

当有人问球王贝利觉得哪个球是他踢得最好的一个时，他回答说："下一个。"

可以想象，贝利在说这句话时是洋溢着怎样的一种自信。自信就是对自己能力的肯定、对自己优势的认可。自信可以让一个人认为自己有能力接受挑战和工作，并且在还没有开始做之前就提出承诺。这之中的最大一个前提就是付出努力。

我们再来看一个问题。

你会因为打开报纸发现每天都有车祸，就不敢出门吗？

也许你看了这个问题会这样回答：这是个什么烂问题？当然不会，那叫因噎废食。

然而，有不少人却曾说："现在的离婚率那么高，让我都不敢谈恋爱了。"说得还挺理所当然。也有不少女人看到有关的诸多报道，就对自己的另一半忧心忡忡，这不也是类似的反应？所谓乐观，就是得相信：虽然道路多艰险，我还是那个会平安过马路的人，只要我小心一点儿，不必害怕过马路。

所以，我们做人，先要相信自己。

　　几乎每一个成功的故事都源于一个伟大的信念，而故事的主人公无一例外地会遇到困境和挫折。就像那些成功的音乐家一样，他们的超人之处就在于能够将路上的小插曲在头脑中沉寂下来，让自己静静地倾听来自灵魂的声音——那是信念的声音在回响。

　　当然，历史上也不乏因为缺少自信而失败的事例，现在看起来，仍然是那么让人痛心疾首。

　　就在丰臣秀吉统一日本的时候，有一个大名手下的军队也有2万人之众，也可以算是不小的诸侯。可就在他进军讨伐丰臣秀吉的时候，突然出现了一支只有500人的小部队，只是一个武士带领的。由于对这支突然出现的部队完全没有了解，因此这个大名就停止前进，小心翼翼地进行试探。

　　如果在白天相遇的时候进行战斗，事情就简单得多，可是到了晚上，部队又是驻扎在山谷里，情况就很凶险。当晚，这个大名就被刺杀了。2万人对500人，无论对手多么厉害或者熟悉地形，都应该觉得自己是足够强大和胜券在握的，可是这个时候不恰当的谨慎和小心往往就成了失败的根源。

　　所以，成功并不是坐等可得，它要靠自己一步步地争取和奋斗。因而成功属于主动进取的人。只有自信的人才会在处理事情的时候采取主动的态度，积极寻求突破口，决定要么自信地面对，要么坦然认为自己还有哪些方面不足。

现在，我们就要自信地对待自己的问题，自信地去解决，自信地面对新的问题，自信地解决所遇到的难题；最后，自信地走向成功。

做一个有竞争力的人

关于竞争力，存在着很多定义和标准，但是可以说竞争力是一个人潜在的素质，它与一个人在某种工作岗位上能否成功有关。

一个人在面临挑战时，总会为自己未能实现某种目标找出无数个理由。正确的做法是，抛弃所有的借口，找出解决问题的方法。二者之间的区别就在于你是否具备竞争能力。

1832年，林肯失业了，这显然使他很伤心，但他下决心要当政治家，当州议员。糟糕的是，他竞选失败了。在一年里遭受两次打击，这对他来说无疑是痛苦的。

接着，林肯着手自己开办企业，可一年不到，这家企业又倒闭了。在以后的17年间，他不得不为偿还企业倒闭时所欠的债务而到处奔波，历尽磨难。

随后，林肯再一次决定参加竞选州议员，这次他成功了。他内心萌发了一丝希望，认为自己的生活有了转机："可能我可以成功了！"

1835年，他订婚了。但离结婚还差几个月的时候，未婚妻不幸去世。这对他精神上的打击实在太大了，他心力交瘁，数月卧床不起。1836年，他得了神经衰弱症。

1838年，林肯觉得身体状况良好，于是决定竞选州议会议长，可他又失败了。1843年，他又参加竞选美国国会议员，但这次仍然没有成功。

林肯虽然一次次地尝试，但却一次次地遭受失败：企业倒闭、未婚妻去世、竞选败北。要是你碰到这一切，你会不会放弃——放弃那些对你来说是重要的事情？

林肯是一个聪明人，他具有执着的性格，他没有放弃，他也没有说："要是失败会怎样？"1846年，他又一次参加竞选国会议员，最后终于当选了。

两年任期很快过去了，他决定要争取连任。他认为自己作为国会议员表现是出色的，相信选民会继续选举他。但结果很遗憾，他落选了。

因为这次竞选他赔了一大笔钱，林肯申请当本州的土地官员。但州政府把他的申请退了回来，指出："做本州的土地官员要求有卓越的才能和超常的智力，你的申请未能满足这些要求。"

接连又是两次失败。在这种情况下你会坚持继续努力吗？你会不会说"我失败了"？

然而，林肯没有服输。1854年，他竞选参议员，但失败了；两年后他竞选美国副总统提名，结果被对手击败；又过了两年，他再一次竞选参议员，还是失败了。

林肯尝试了11次，可只成功了2次，他一直没有放弃自己的追求，他一直在做自己生活的主宰。1860年，他当选为美国总统。

亚伯拉罕·林肯遇到过的"敌人"你我都曾遇到。因为他是一个聪明人，他面对困难没有退却、没有逃跑，他坚持着、奋斗着。他压根就没想过要放弃努力，他不愿放弃，所以他成功了。

从林肯的身上可以看出，没有人能一步登天。真正使成功者出类拔萃的，是他们在接受挫败的同时，也在不断地加强自我的竞争力，使自己成为一个具有竞争力的人。

具有竞争力的人可以分成5种类型。

第一种类型的人，其竞争力与他们的智商(这里指的是一个人对一种情况进行评价并作出决策时所需要的智商)有关。我们称这种竞争力为智商竞争力，它可以被理解为全面观察一种情况并对这种情况加以分析的能力、逻辑推理能力、概括和综合判断能力及创造力。

第二种类型的人，其竞争力与他们在决策过程中所表现出来的感情因素有关。这种竞争力包括他们感情的成熟程度和对一种特定情况进行客观分析的能力。

第三种类型的人，其竞争力与敢于冒风险和排除障碍的能力有关。

第四种类型的人，除了自己做事外，还能够使别人也照着他的意图做事。这种竞争力与领导能力和对其他人的感染力有关。

第五种类型的人，其竞争力与公司的集体价值观(如团队工作能力、应用经验的能力和规范行动的能力)有关。

信念的能量

> 人生的法则就是信念的法则。没有人能免于失意挫折，而风平浪静地度过一生，而此时信念会给你带来无穷的动力，让你走出困境。那些没有信念的人，很可能会失去方向，就此驻足不前。

只要我们有一个正确的信念，我们就能够在这个信念的指引下学习如何培养自己的能力，超越存留于胸的抱负，追求众人的共同理想。在公司中，正是这些超越个人的理想，才能使一个立志于成就大业的人看清各种不同的现况，看清他可能达到的成就。

有三只青蛙不小心掉进了一个牛奶桶里，它们拼命挣扎、奋力自救。

　　第一只青蛙在跳跃一段时间后，绝望了，认为这是上帝的安排，自己是无法改变命运了，于是放弃了自救，被淹死了。

　　第二只青蛙虽然还在继续挣扎，但在筋疲力尽时，它也放弃了，相信自己是跳不出牛奶桶的，也被淹死了。

　　第三只青蛙始终没有放弃希望，它相信没有人能救它，只有靠自己，它不停地跳，不停地跳……由于第三只青蛙不停地抖动，把牛奶搅拌成了奶油。在它感到脚底的接触面很结实时，奋力一跃，跳出了牛奶桶。

　　这是一个关于信念的故事，只有充满希望的人才可能获得最后的胜利。你心中有什么样的信念，就会得到什么样的结果。这个结果就是生命的价值不依赖我们的所作所为，也不仰仗我们结交的人物，而是取决于我们本身！我们是独特的——永远不要忘记这一点！这就好像农夫若不先将种子撒到土壤里，就不可能有任何收获。也就是说，若想要有所收获，首先要付诸行动。所以，当你想要拥有一番成就，或达到一个目标时，必先有一种志在必得的信念。

　　信念是帮助你走向成功的关键因素。

　　中国保险界第一位由个人营销员晋升高级经理人的于文

博，从零开始，由一名试用营销员，历经7年的打拼，快步跃上泰康人寿总公司营销部总经理的职位。谈起奋斗的历程，他感慨地说："追求外在的东西很苦，也很艰涩，需要由内而外地铸造灵魂。其实生活中的一切都在成就着我们——那些拒绝、挫折、苦难就像砺石一样；剑将越锋，镜将更明。"在他的记忆中最深刻的一位客户，他先后拜访了42次，听了41次的"不"，他没有放弃，精诚所至，金石为开，最后那位客户笑着说："好吧！"于文博回忆那一刻的"花开"，感到莫大的庆幸，不是因为他签下了这份保单，而是感谢生活教他"再坚持一下"这个伟大的信念终于结出喜人的硕果。

　　所以，坚定的信念和富于希望的心灵是走向成功、创造奇迹的基石，成功者都具有这样的心灵，因为他们相信举步维艰后的峰回路转，相信混沌迷惑后的灿然乾坤，相信山穷水尽后定会柳暗花明的那份意境。

　　也有心理学家表明：人的行为受信念支配，你想要作出什么样的成绩，关键在于你的信念。所谓信就是人言，人说的话；所谓"念"就是今天的心。两个字合起来就是今天我在心里对自己说的话。若一个人在心里老是不停地埋怨自己这样不行，那样也不行，很难想象，他会在今后的人生中作出怎样的成绩；相反，若一个人在心底深处总是不停地鼓励自己，我能行！那他在人生中获得成功的机会就很大。人只有相信自己，才能成功。你认定自己失败，你就注定要失败！你坚定自己是哪一种人，你就会成为哪一种人。无论什么事，如果你反复地确认，总有一天会变成现实。信念使他们不受他人督促监管，而能自节自律；信念使他们充满活力，懂得更好地发展自己。他们矢志不渝，无所畏惧，所以他们处处都会成功。

信念可以摧毁一切困难

> 信念能打开想象的心锁，让你驰骋在理想的空间，对信念更加坚定不移，用更顽强的心态去挑战生活和工作上的困难。

在工作中，无数的人之所以没有成功，不是因为他们才干不够，而是因为他们不能全力以赴地去做适当的工作，他们从来没有觉悟到这一问题：如果把心中的那些杂念一一剪掉，使生命力中的所有养料都集中到某一个方面，那么他们的事业完全能够结出丰硕的果实！

斯蒂芬·茨威格说："一个人生命中最大的幸运，莫过于在他的人生旅途中，即在他年富力强的时候，发现自己生活的使命。"对于使命一说，能够完成的人不仅需要年富力强，还需要目光敏锐、意志坚定、百折不挠、充满激情，更主要的是要有使命感。

有一次，一位朋友对我说，信念是一种无坚不摧的力量，当你坚信自己能成功时，你必能成功。我问他为什么会有这种想法时，他对我说：有一天，我发现，一只黑蜘蛛在后院的两檐之间结了一张很大的网。难道蜘蛛会飞？要不，从这个檐头到那个檐头，中间有一丈余宽，第一根线是怎么拉过去的？后来，我发现蜘蛛走了许多弯路——从一个檐头起，打结，顺墙而下，一步一步向前爬，小心翼翼，翘起尾部，不让丝沾到地面的沙石或别的物体上，走过空地，再爬上对面的檐头，高度差不多了，再把丝收紧，以后也是如此。

这是一个充满哲理的事例：蜘蛛不会飞翔，但它能够把网凌空结在半空中。它是勤奋、敏感、沉默而坚韧的昆虫，它的网织得精巧而规矩，八卦形地张开，仿佛得到神助。这样的成绩，使人不由想起那些沉默寡言的人和一些深藏不露的智者。于是，我记住了蜘蛛不会飞翔，但它照样把网结在空中。奇迹是执着者创造的。

所以，一个人的思想决定一个人的命运。无论是哪个行业的员工，只要你想要出人头地，想要实现自己的目标，你必须要首先肯定自己。面对复杂的工作，恐惧和退缩都于事无补。无论在任何时候，你要坚信，别人能做到的，你也能做到，甚至还比别人做得更好。只要你心存希望，满怀信心，太阳每一天都是新的。

我们公司有一位员工的故事就很典型，我现在把这个故事写出来让大家共享。

小王只是中学毕业，刚到我们公司的时候非常不自信，他看着公司的豪华办公场所，看着那些穿着正规工作服而忙碌的员工，他感到自己非常的渺小。他自己在心里问："我在这样的公司里能行吗？我能做的与他们一样优秀吗？我既没有学历也没有经验，过不了多久，他们还要我吗？"带着这样的问题来工作，显然，小王的工作是不成功的，他总是感觉到力不从心：见到公司员工不敢打招呼，见到领导低头走过，见到客户的时候甚至不敢大声说话，生怕自己把事情搞砸了，在向部门经理叙述工作情况时也唯唯诺诺的。

后来，我们公司请来了一位培训师对员工进行培训。在培训课上，培训师对他进行了一番鼓励："小王，一个员工心中有无信念、决心和勇气，在领导心目中的地位是迥然不同的。别以为那些只是心理活动，领导看不见就等于没有关系。其实，你的行为完全体现了你的内心境界。在这个世界上，没有人能够左右你的命运，你认为自己行，你就一定行，拥有自信你就已经成功了一半，你就会充满力量。"

在以后的工作中，小王带着自信去工作，他终于感觉到了这种力量——似乎做什么事情都得心应手、游刃有余。年终总结的时候，他还作为优秀员工的代表发了言。

故此，坚持自己的信念，不要因为外部环境因素的影响而左右自己成功的信心。当你想要逃避的时候，不妨在心中默念你的信念，它会给予你能量和智慧。